暖呼呼
湯便當

水瓶 著

「有湯萬事足」，每回烹上一鍋料鮮味美的湯品，心裡不由自主浮現這幾個字。家人愛喝湯，尤其兩個孩子自小就是湯罐子，放學回家走進廚房發現晚餐有湯更是十有八九次會輕聲歡呼，熱切地想讓媽媽知道他（她）們有多麼喜歡喝湯。

日常裡瑣碎雜事多，備一鍋湯不論繁簡，掌杓燒飯人心頭即多份篤定。帶一份食料豐富、營養俱足的湯便當，則主食盡可清簡；尤其冷冽冬季，在辦公室或教室裡喝上一杯暖呼呼的熱湯，「好幸福」。

為孩子準備上學日的午間餐盒邁入第十四年，從親送便當、清早現做常溫便當以及前一日與晚餐同時備妥的蒸便當，因應不同學程而生出不同形式的家製便當。

湯便當最初起始於哥哥高中時期，每天清晨做好飯菜放涼裝盒，讓孩子帶著卜學，中午不再加熱直接食用，方便、新鮮有餘，但平時吃慣熱飯熱菜的台灣囡仔，仍然想要吃些熱騰騰的餐食，於是一罐熱湯成了凜冽寒冬裡的暖胃良品。

天色未開即進廚房準備便當的那些日子，每回點燃爐火，烘烘火焰和鍋鏟鏗鏘與冷森森而安靜的空間形成對比，當蒸氣流動於爐灶邊，家也就暖和起來；我想湯便當也是這樣，不論工作學業怎樣勞心費力，午休時間打開湯罐，熱湯一口喝下，心頭也就暖了起來。

書裡的湯便當也是日常飯桌上的湯品，食材構成或調味組合有繁有簡，有醇厚有清淡、有在地家常也有異國風情，端視採買時是否已預想好菜單或者臨時起意以手邊現有材料揉合運用。煮湯之前，反覆思量如何將各式海陸鮮貨乾料、天然食材互相搭配，讓各自的風味與特色融合出一鍋甘美又營養的熱湯，況且小家煮湯湯頭不必非得渾厚，儘可能融合水陸田園牧野鮮食風味，便能喝上一碗醇香。

常説自己是生長於菜香世家，世家倒沒有，但菜香是真；爸爸是台菜總舖師，他在自家餐廳或是店舖爐台前工作的身影即是我們所熟悉的父親印象，因為家裡始終從事餐飲，即便是經濟最為困頓的那些年，在吃食方面也不曾讓味蕾受累；父後，接到手抄菜譜一本，是爸爸當學徒時期的筆記，蒼勁有力的字跡跟從小在聯絡簿上看到的大抵相同，原以為能學到幾款熟悉菜色，彌補未曾跟父親正式習得一招半式的缺憾，可惜本子裡落筆寫下的文字能夠意會的幾乎沒有，對我來說與天書無異，例如：

「春光雞」取雞羽去骨內入香菇火腿切塊
「櫻桃肉」取豬肉腰尺切四方連塊走油拌椒鹽上桌
「川心豆菜」取用豆菜為腹清湯上桌
「文王歸期」取用羊肉蓮子塊走油上桌
「十八羅漢」烏醬芥菜蒜蓉粉落小碟，餅皮分為四碟上桌

保存近五十年的泛黃紙本，記述內容更多是讀取困難、即使細看多遍仍然無法參透的手寫食譜，少數菜名熟悉的，如香酥上鴨、糕渣、生蚵卷、糖醋排骨、佛跳牆也因做法僅以重點記錄、或是無法辨字，難以望文生義。

媽媽的拿手菜和廚師老爸相較起來親切樸素許多，全是小家日常菜色，生薑燒雞翅、瓜仔蒸肉、塔香海茸、蒸蛋、香煎白帶魚、玉米蛤蜊湯、竹筍雞湯、苦瓜排骨湯。媽媽回去天家二十餘年，但存在回憶裡的飯桌溫度猶在。

未及二十歲時曾説過以後即使結婚也不進廚房這等話語，直到自己也成為媽媽之後才深刻體會，當爐火轉開，團團炊煙在廚房流動時，這人間煙火氣即是心能安穩踏實、家人凝聚感情、孩子健康長成之所在。

水瓶

Contents・目錄

暖呼呼・好幸福
湯便當／湯料理

本書調味計量單位
1 小匙 = 5ml
1 大匙 = 15ml
1 杯 = 200ml
量米杯 = 180ml

飽嘟嘟・好滿足
主食／甜點

湯為什麼好喝

很多時候我們會覺得外面餐館或小吃店的湯頭好好喝，即便是很家常的食材、跟自家用料也相同但味道就是明顯不一樣；這個「不一樣」，其實就是我們所知道的「酸甜苦辣」之外的第五味：「鮮」。

鮮味，與甜味、鹹味、酸味和苦味並列五大基本味道。

湯之所以好喝，即是由於我們感受到它的「鮮味」。

鮮味物質主要有三種，分別是麩胺酸、肌苷酸與鳥苷酸，三種物質存在於各式各樣天然食材當中，例如：昆布、洋蔥、西洋芹、番茄、蔥和薑有麩胺酸；肉類與海鮮有肌苷酸；菇類則有鳥苷酸。除此之外，發酵食物也含有鮮味物質，例如：鹽麴、味噌、醬油、豆腐乳、醃冬瓜…。

鮮味十足的料理會產生美味的食用感，鹽麴燒肉、味噌湯、香菇雞湯、紅燒肉、腐乳空心菜、醃冬瓜蒸肉…。我們在料理時將食材搭配運用就是在讓鮮味相乘、揉合出比個別單獨存在更加突出的美味，舉例來說，燉雞湯的時候，只用雞肉加清水去燉煮與雞肉清水之外，再加香菇、薑片或蛤蜊…等等其他合適食材一起燉煮，舌尖感受到的味道必然有所不同，換句話說，鮮味相乘即能提升美味。

回到一開始說的，有時我們會覺得外面商家的湯品好喝，除了大量食材相乘帶來的鮮味之外，也不乏有添加味精的效果，味精的主要成分是麩胺酸鈉，有使用天然食材（甘蔗、甜菜或樹薯等澱粉）為原料，透過發酵方法生產，也有以海藻萃取和麵粉水解方式製造，因為取得容易、成本低廉，適量添加便能夠

帶來很好的鮮味提升效果。過去很長一段時間我們認為味精是不好的人工添加物，不過近年來有越來越多的資料顯示，適量添加味精對於人體並不會造成不良影響，美國食品藥品監督管理局將味精歸於「公認安全」，歐盟則視為食品添加劑。家庭煮食，加不加味精端看自己習慣而定，我自己長年來沒有使用味精或是烹大師這類調味料，因此書上的食譜也以食材本身的鮮味提取為主。

好喝的湯除了食材運用、透過水為介質，輔以火候和時間換取美味之外，複熱次數也會影響美味程度，一般來說湯品再次適當加熱，風味會比剛煮好時更加馥郁，但同一鍋湯如果經過三次以上複熱，則美味程度會隨之遞減。需要大量烹調且較長時間燉煮才能顯現風味的湯品，如紅燒牛肉湯，煮好之後最好按照每餐食用的份量分裝保存，冷藏或冷凍，要吃的時候只加熱當餐的份量，這樣每次都能享用到最鮮美的熱湯與食材。

照片是食譜裡用來提升湯品鮮味的材料，提供湯友們參考：）

| 乾燥海帶芽 | 乾干貝 |
| 昆布與柴魚 | 乾香菇 |

日式高湯方便包	薑
黃豆芽	新鮮大蒜
青蔥	高麗菜乾

西洋芹　　｜　蘑菇
牛番茄　　｜　新鮮洋蔥
紅蘿蔔　　｜　榨菜

湯便當容器及使用方法

1 保溫湯罐

出門前將湯品煮好或充分加熱後，趁熱隨即裝罐密封；每次使用前 ，先用滾沸熱水溫罐，能夠讓保溫效果更好。

2 耐熱玻璃湯罐

適合盛裝提前一天煮好、食用時微波加熱的湯品，可選購比平常食量再大一些的容量，盛裝至六、七分滿，同時覆上一張烘焙紙再加蓋，防溢好攜帶。

3 不鏽鋼高身便當盒

適合盛裝提前一天煮好、食用時以蒸鍋複熱的湯品，因為便當蓋有防溢膠條，加熱後有時會形成類真空狀態、無法開啟，建議覆上烘焙紙再加蓋，即可避免便當打不開的窘況。

簡易基礎高湯

以烹調與飲食習慣為經緯，平日家裡最常準備的四款湯底分別是：

⚀ 日式高湯

非常經典的鮮味相乘公式，以昆布
（麩胺酸）、鰹魚（肌苷酸）以及
香菇（鳥苷酸）三種鮮味物質為基
底，製成易於保存並且方便使用的
高湯包，不須費時熬煮、加水煮沸
之後能快速入味是其優點，以無人
工添加物及未經調味的高湯包為第
一優選，不僅風味天然、食用安
心，亦不影響湯品的最後調味。

⚁ 昆布高湯

十分方便淬取，提前將昆布浸泡在
過濾水中置入冰箱冷藏7～8小時，
讓昆布慢慢釋出鮮味，完成的昆布
高湯可以直接使用、也能再搭配其
他食材融合出不同風味的湯底。

高湯用昆布主要有「真昆布」、
「利尻昆布」、「羅臼昆布」和
「日高昆布」，品質好的昆布應是
徹底乾燥並且帶有光澤、呈現深綠
褐色和一定的厚度；昆布表面的白
色粉末是鮮味來源，勿沖水洗去，
用乾淨紙巾擦去表面塵埃即可直接
使用。

> 昆布與水的比例，約是 15 ～ 20g 的昆布兌上 1 公升淨水。

③ 排骨高湯

中式湯品很常使用的高湯，搭配各式瓜果蔬菜能夠引出蔬菜的鮮甜風味，湯便當使用的排骨大多為腹協排，又稱腩排，肉層較厚、肉質軟嫩，除了可以為湯底帶來風味也可作為餐盒裡的蛋白質來源之一。

排骨燉湯前最好先汆燙去除血水雜質再使用。

湯排預處理

湯排和冷水一起入鍋，水量足夠蓋過排骨，中火煮至沸騰後轉中小火續煮5分鐘，取出排骨、洗淨殘渣後即可燉湯。

④ 雞骨高湯

單純做為湯底不食雞肉時，我會使用雞骨架熬煮成高湯，經濟實惠之外，亦有認真持家的安心感；食材越是簡單的湯品越是需要雞高湯來加乘鮮味，提升整體風味層次。

雞高湯製成作法

雞胸骨5付（約380g）
清水3000ml

1 雞骨架加冷水（份量外）覆過，中火煮至滾起。
2 將火力稍微調小，讓血水浮沫充分釋出。
3 待浮末不再增加時，撈出雞骨架以過濾水洗去表面附著的灰色殘渣。
4 作法3加入清水，中火煮沸後轉小火讓表面維持冒泡泡小滾狀態，不加蓋持續熬煮1小時。
5 撈除雞骨架可得大約1800ml原味雞高湯。

Tips

雞骨架取高湯過程不加蓋，讓可能會有的雜味得以揮發，如此得到的原味高湯可以搭配任何需要用到雞高湯的料理，不影響料理調味。

Warm Soup dishes

暖呼呼・好幸福
湯便當／湯料理

SOUP DISHES

蘿蔔排骨湯 p.20

白蘿蔔和排骨真是絕配，經過一番文火慢燉、熬出鮮腴甘美，白蘿蔔獨有的清甜與排骨的鮮味交融，不需要太多料理技巧，單純用時間換取美味，是一道幾乎全年齡都會喜歡的湯品。

煮蘿蔔排骨湯我的小訣竅是：把通常不會食用的香菜根清洗乾淨加進湯裡一起燉煮，成為一種隱味，平時不愛香菜的家人只會頻頻稱讚湯好好喝、滋味甘甜，察覺不出湯裡曾有香菜出沒（笑）。

蘿蔔排骨湯（6人份）

材料

白蘿蔔1根（約700g）
台灣豬腹協排300g
二節翅2付
清水2500ml
香菜根適量
鹽約1小匙
白胡椒粉適量

作法

1 排骨與二節翅燙除血水、洗去殘渣備用。
2 香菜根洗淨、白蘿蔔削皮切塊，厚度約4公分。
3 以上所有食材與清水一起入鍋，中火煮至沸騰續煮5分鐘後轉小火加蓋慢燉60分鐘。
4 時間到挾出香菜根，繼續燉煮至蘿蔔熟軟，最後加鹽調味即完成。
5 食用時依喜好添加白胡椒粉增香。

麻油鹽麴松阪肉片湯（2人份）

⫻材料
松阪肉1片（約200g）
鹽麴20g

薑片20g
娃娃菜1包（約200g）
橄欖油0.5大匙
黑麻油1.5大匙

雞高湯或清水700ml
鹽1/2小匙

⫻作法
1 松阪肉片逆紋斜刀切片，揉入鹽麴密封冷藏一小時以上或隔夜均可。
2 炒鍋加入橄欖油與黑麻油，由冷油開始慢慢煸香薑片。
3 薑片水分釋出呈捲曲狀時撥至鍋邊，投入作法1將肉片兩面煎至上色。
4 加入高湯或清水煮滾，投入洗淨並分切的娃娃菜煮至熟軟。
5 最後加鹽調味即成。

麻油鹽麴松阪肉片湯 p.21

每年一到冬天自然而然就想煮的一道湯品，尤其遇上濕濕冷冷的天氣，一碗暖呼呼、帶著黑麻油香氣的熱湯總是備受食客們喜愛。女兒說：「即使待在教室裡還是好冷，但是中午有熱湯喝，身體整個都暖起來，好舒服！」哥哥高中帶冷便當的時候，最喜歡冬天時媽媽會另外準備熱湯用保溫罐裝著，中午打開來還是熱氣騰騰，他說便當裡的飯菜可以跟同學們分享，但熱湯，休想xDDD

桂圓仙草雞湯 p.26

結婚後在婆家第一次喝到仙草雞湯,初始被那一鍋黑嚕嚕彷彿深不見底的湯色嚇到,很難想像它是什麼滋味,仙草只吃過甜的,煮成雞湯感覺像是魔法世界的料理。

從上下游市集購得來自苗栗銅鑼的有機仙草乾,加了一點品質很好的桂圓和枸杞來平衡仙草的澀味,雖然我是麻瓜媽媽,煮起魔法料理來似乎不含糊呢!(笑)

桂圓仙草雞湯（4人份）

材料

帶骨雞腿1支
三節翅2付

有機仙草乾50g
薑片15g
桂圓15g
枸杞15g

清水2000ml
米酒200ml
鹽約1小匙

作法

1 燉鍋內注入清水煮至滾起，投入預先燙過，去除血水的雞肉和雞翅。

2 湯汁沸騰後如果有浮沫產生先撈除再加入米酒、薑片、桂圓及洗乾淨的仙草乾，煮滾後轉小火加蓋慢燉50分鐘。

3 最後加入枸杞、加鹽調味即完成。

Tips
仙草乾有塵土附著，需多次沖洗後再入鍋燉煮。

薑煮冬瓜肝連湯（4人份）

﹨材料

新鮮肝連1付
姆指般大小嫩薑切片約20g
新鮮冬瓜去皮切小塊約400g
榨菜切片約20g
煮肝連高湯1000ml
鹽適量（約1/2小匙或3/4小匙）
米酒少許

﹨作法

1 準備一鍋約2000ml滾水投入新鮮肝連，加蓋以中小火燜煮40分鐘，時間到不開蓋續燜半小時。

2 取出肝連泡冰塊水分切成適口大小。

3 作法1燙煮肝連的高湯取1000ml加入薑片、榨菜和冬瓜，煮至冬瓜熟軟。

4 最後加入作法2，以適量海鹽及米酒提鮮增香即成。

Tips

肝連可預先燙煮好冷藏備用（燙好的肝連如預計超過三天才會食用請冷凍保存，使用時提前一天移至冷藏解凍，則可略過作法2中泡冰塊水的工序；泡冰塊水的用意在使肉質緊致，分切時肉不會散掉）。

薑煮冬瓜肝連湯 p.27

婆婆種的冬瓜真的是矮冬瓜，個頭像小玉西瓜非常迷你可愛，雖然個子小但要一餐完食也是頗有難度，煮了冬瓜蛤蜊排骨湯之後，其餘的還可以跟其他不同食材搭配嗎？

一個帶便當的日子，想要煮鍋清淡爽口的湯品來平衡味道濃郁的菜色，「跟肝連一起煮湯吧！」心裡駐點的小廚師這樣說…冬瓜與肝連兩者平日裡都是不搶戲卻很有自己風味的食材，同煮一鍋互不干擾也絲毫不違和。

山藥枸杞排骨湯 p.32

大多時候用排骨燉湯會選擇豬腹協排，肉多雜質少，除了可以為湯底帶來含有肌苷酸的鮮味，嫩口的肉質讓大人小孩在喝湯同時也能補充蛋白質；山藥的營養從古至今廣為人知，本身味道不是很濃郁的山藥；燉煮之後口感鬆軟，也吸收了湯汁的鮮甜，吃起來更加涮嘴。

此外，米酒與枸杞的添加也是美味相乘的要訣。

酒精在燉煮過程中已經揮發，最後僅會留下甘美，別擔心。

山藥枸杞排骨湯（4人份）

◎材料
台灣豬腹協排400g
嫩薑片15g
清水1200ml
米酒50ml
山藥去皮切塊300g
鹽3/4小匙
枸杞10g

◎作法
1 排骨依p.14方式預先處理。
2 冷水、作法1及薑片一起入鍋煮至沸騰，轉小火加蓋煮30分鐘。
3 加入山藥與米酒開蓋續煮10分鐘。
4 起鍋前五分鐘加入枸杞及鹽調味，枸杞風味釋出即完成。

高麗菜麻油雞湯（4人份）

◎材料

老薑去皮切片50g
去骨雞腿2支（約800g）
雞腿骨2付
高麗菜200g

熱水800ml
米酒400ml
鹽3/4小匙

玄米油2大匙
黑麻油3大匙

◎作法

1 雞腿骨與冷水（份量外）同時入鍋，水量蓋過雞骨，中小火慢慢加熱至沸騰，血水雜質釋出後，雞骨洗淨備用。
2 鍋內加入玄米油及黑麻油，中小火從冷油開始將薑片煸香。
3 投入分切好、拭乾水分的雞腿肉半煎半炒至表面上色。
4 關火，倒入米酒、加入作法1
5 重新扭開爐火，中小火加熱五分鐘讓酒精揮發。
6 倒入熱水，加蓋小火燉煮25分鐘。
7 高麗菜洗淨撕成適口大小，起鍋前加入鍋中煮至熟軟。
8 最後加鹽調味提鮮即完成。

高麗菜麻油雞湯 p.33

每個煮飯的人大抵都有自己一套麻油雞湯食譜，用哪一家的黑麻油、老薑去皮與否、米酒下多或少、雞肉選擇什麼品種……。

餐館裡經驗老道的師傅用單純的老薑、麻油、雞肉與米酒；透過足夠鑊氣與火候便能端出一鍋香氣馥郁、甘鮮味美的麻油雞湯；家庭火力花拳繡腿使不上勁，調味架上亦沒有雞粉、味素來增加鮮味，這個時候借用高麗菜的自然鮮甜也能明顯提升湯頭風味。加了高麗菜的麻油雞湯湯頭更有韻味，冷颼颼的天氣裡湯罐備著好喝的熱湯，無論上班上課，精力更加充沛。

鮮筍雞湯 p.38

當令的綠竹筍、冬筍，或者這份食譜用的甜龍筍都
是很適合煮湯的品種，和雞肉或排骨同鍋慢燉，將
近一小時的時間不太需要看管照顧即能坐收一鍋好
湯。煮湯過程中開始有香氣飄出來時，心裡自然湧
出一份期待，期待湯好喝、期待一鍋好喝的湯。

食譜裡除了經常與竹筍雞湯搭配的乾香菇，另外也
加入乾干貝和榨菜增加湯頭鮮美；雞湯因為燉煮時
間夠久，乾干貝省去預先泡軟的工序，快速沖水洗
去表面可能有的灰塵即下鍋，讓它在燉煮過程中慢
慢釋出鮮味。

鮮筍雞湯（6～8人份）
. . . .

材料

新鮮竹筍1支（去殼淨重約600g）
帶骨雞腿2支
北海道乾干貝5顆
乾香菇5朵
薑片20g
榨菜30g
清水3000ml
米酒200ml

海鹽約1小匙（視榨菜鹹度）

作法

1 竹筍切適口大小，香菇泡冷水回軟，干
  貝與雞腿分別快速沖水、瀝乾備用。

2 水煮開，沸騰後投入雞腿，再次滾起時
  撈除浮沫。

3 投入海鹽之外的其他食材煮至沸騰，如
  果有浮沫再次撈除。

4 加蓋，轉小火，慢燉50分鐘。

5 最後加鹽提鮮調味即完成。

Tips

1 燉湯雞肉以帶骨土雞或仿土雞為優先選擇，
  有些雞肉需先汆燙去血水雜質才能使用，請
  預先燒一鍋份量外的水汆燙雞肉再進入步驟
  2工序。

2 乾貨干貝用於長時間燉湯時，過水洗去表面
  灰塵便可下鍋，讓鮮味在燉煮過程中慢慢釋
  出。

古早味瓜仔雞湯（4人份）

◇ 材料

帶骨雞腿1支
三節翅2付
粉薑薑片20g
椴木香菇（乾燥）6～7朵
日光牌花瓜1罐
清水2200ml
鹽少許

◇ 作法

1 乾香菇沖水洗去表面灰塵用冷水泡軟、花瓜醬汁單獨瀝出來備用。
2 水燒開，滾起後投入處理好的雞腿與雞翅（Tips）。
3 再次滾起時如有浮沫先撈除再加入薑片、香菇、和花瓜醬汁。
4 火力轉小、加蓋慢燉60分鐘。
5 投入花瓜再煮10分鐘。
6 試試湯頭鹹淡，酌量加鹽調味。

Tips

大多數超市或市場販售的帶骨雞肉燉湯之前，需先汆燙去除血水後再做使用；傳統市場也有一些攤肆供應的雞肉不需汆燙便可直接使用，購買時可以先詢問店家。書裡燉湯雞肉均購自台北東門市場「協峯雞鴨店」，掌櫃阿姨表示他們家的雞肉都是當日新鮮供應未經冷凍，可以直接下鍋烹煮、完整保留新鮮雞肉的鮮甜風味。

〃古早味瓜仔雞湯 p.39

對我來說這是一道「宜蘭家鄉味」的湯，小時候家裡常煮，總是被爸爸派去柑仔店買特定牌子的花瓜。小孩子台語不輪轉，要正確唸出「日光牌」三個字每次都覺得有障礙，沿路一直不斷重覆「日光牌、日光牌…」，踩著拖鞋噠啦噠啦到了雜貨店趕緊一股腦大聲喊「頭家，我欲買日光牌瓜仔」，深怕一停頓就忘記。

手裡拿著標示紅色「光」字的罐頭回家，覺得順利完成爸爸交代的任務很棒（笑）。

輪到自己煮瓜仔雞湯時因為好奇曾用過他牌花瓜，說真的，沒那麼到味。換回日光瓜仔，終於讓孩子們認同媽媽口中所說，從小喝到大的瓜仔雞也是一味好喝的湯：）

剝皮辣椒香蒜雞湯 p.44

兄妹倆人對剝皮辣椒雞湯喜愛程度超乎我的預期，原本只是試著讓他們在味覺上提早社會化（笑），那時才小學五年級的小女生一喝就愛上，而很少主動點菜的哥哥後來更是時不時會問：什麼時候要再煮剝皮辣椒雞湯？

說到食物的味道我們會直覺想到酸甜苦辣，但「辣」不是味覺、而是觸覺，剝皮辣椒在湯鍋裡經過一番燉煮，彷彿也磨去了嗆辣脾性，轉而帶給味蕾甘醇順口的溫慰。

冬天煮這道湯時喜歡加很多帶皮大蒜一起烹煮，提升營養和風味的同時，湯汁也不會因為加了大蒜而混濁、影響口感。

剝皮辣椒蒜頭雞湯（4人份）

材料

帶骨雞腿1支
三節翅2付
大蒜帶皮50g
薑片15g
剝皮辣椒6根
剝皮辣椒湯汁200g
清水2000ml
鹽少許（或不加）

作法

1 水滾後將雞肉入鍋，再次滾起時如有浮沫先撈除。
2 投入大蒜、薑片及連同湯汁的剝皮辣椒，持續煮沸10分鐘。
3 轉小火，加蓋燉煮60至90分鐘。
4 加鹽調味即完成。

Tips
如購買的雞腿與雞翅血水多，請先燙煮一遍去除血水再開始燉湯；去血水的方式為：冷水與雞肉同時入鍋，水量蓋過雞肉，開中火加熱至沸騰後將火力調弱，持續煮5分鐘左右，撈除浮末，雞肉無血水流出即可取出、將雞肉表面雜質快速過水洗淨後入鍋燉湯。

藥膳羊肉湯（4人份）

材料
有機十全燉包1份
產銷履歷羊肉片360g
薑片20g
金針菇200g
清水1200ml
米酒100ml
鹽1小匙

作法
1 十全藥膳包以熱水沖過備用。
2 燉鍋內注入清水及米酒煮至沸騰，投入作法1及薑片，讓湯汁保持微滾煮20分鐘，之後將藥膳包取出。
3 另備一鍋滾水，羊肉片快速過熱水除去血水雜質。
4 將處理好的金針菇及肉片投入作法2，加鹽調味即成。

Tips
藥膳包可向信賴的中藥行購買；食譜中的有機十全燉包購自上下游市集。

羊肉藥膳湯 p.45

先生與我皆對中藥湯品接受度不高，但是人生就
是這麼奇妙，不甚喜歡藥膳料理的夫婦卻有一對
特愛藥膳湯的兒女，像是藥膳排骨、藥膳湯底的
羊肉爐，兄妹倆人總是吃得特別香，於是偶爾，
媽媽也會購入信賴的藥膳包，端上一鍋，滋補青
春少男少女的脾胃身心。

心目中理想的日常藥膳湯應該是溫補不燥、老少
咸宜，中藥味兒淡淡的就行，最好一鍋能同時補
充優質蛋白質與足量纖維質。

食譜裡的羊肉與有機十全藥膳包分別購自厚生市
集與上下游市集，這兩者也是平日裡會採買本土
食材的網路商家。

竹笙雞湯 p.50

兄妹倆人對竹笙雞湯的飲食回憶來自外公家，廚師退休的老
爸總是用料理收服外孫的心，因此現在每每餐桌上出現竹笙
雞湯，兄妹兩人就會連帶回想著以前在阿公家吃到哪些菜色
讓人回味再三。

「睹物思人」對我們來說，物即食物，不僅僅是溫飽也蘊含
著無可取代的情感溫度。

阿公的竹笙雞湯永遠比媽媽煮的好喝，不、不是因為回憶裡
的最美，而是因為資深廚師阿公總是習慣加味精（笑）。

不只是我，可能大多數人都誤會味精好多年，直到這次書寫
湯書籍認真研究起湯頭鮮美風味來源的時候，查詢資料才赫
然發現，味精實在被誤解太大太久，「味精的成分中，99％
是麩胺酸鈉。麩胺酸鈉是麩酸（存在所有蛋白質中的胺基
酸）的單鈉鹽，以天然食產品如甘蔗或樹薯等澱粉為原料，
利用發酵的方法生產製造。」（文字取自康健雜誌）

只是下廚以來沒有使用味精已經成為習慣，因此這道湯底我
加了干貝、紅棗還有米酒一起燉煮來增加風味，起鍋前再放
一些枸杞買保險，如此一來，雖然孩子們心中外公的竹笙雞
湯仍是第一名，但媽媽煮的大抵也能緊追在後。

竹笙雞湯（6人份）

≫ 材料

帶骨雞腿2支
干貝5顆
薑片15g
枸杞10g
紅棗10顆
竹笙30g
清水2400ml
米酒200ml
鹽1.5小匙

≫ 作法

1 帶骨雞腿塊視需要汆湯去血水；竹笙以流動水浸泡15至20分鐘洗去雜質並泡軟，瀝乾水分切成適口大小。
2 枸杞、紅棗及干貝快速過水沖洗瀝乾水分備用。
3 湯鍋內注入清水，投入雞腿塊、干貝、薑片和紅棗，中火煮至沸騰後加入米酒和竹笙。
4 加蓋轉小火燉煮一小時。
5 投入枸杞，開蓋續煮10分鐘。
6 加鹽調味即完成。

娃娃菜筍片蛋包湯（4人份）

〉〉**材料**

娃娃菜1包
新鮮綠竹筍1支
榨菜20g
草菇適量
日式無調味高湯包3小袋
清水1600ml

鹽1小匙
香油適量
蔥花適量
雞蛋數個

〉〉**作法**

1 竹筍去殼切片、娃娃菜洗淨分切、榨菜切薄片泡水降低鹽分、草菇對半切開。

2 高湯包與冷水一同入鍋煮至沸騰後續煮約3分鐘、取出高湯包。

3 投入筍片、榨菜與草菇煮至滾起後撈除浮沫,加蓋煮15分鐘。

4 另取小湯鍋煮水波蛋:注水八分滿煮開,轉小火保持微滾狀態(雞蛋入鍋才不會被沖散);用筷子貼著鍋底快速畫圈製造漩渦,將打在碗中的雞蛋輕輕滑入漩渦內,靜置3〜5分鐘煮成自己喜歡的熟度。

5 作法3投入娃娃菜煮至熟軟湯汁入味。

6 以鹽、香油調味,加入蛋包及蔥花即完成。

娃娃菜筍片蛋包湯 p.51

不必長時間燉煮也有鮮美湯汁可以享用的一道
清簡湯品，先用日式原味高湯包打好基底，再
藉由榨菜的鹹香堆疊風味；娃娃菜與新鮮竹筍
自帶甘甜也是增加鮮味的要角、彼此互相幫
襯、使湯頭越加甘美，起鍋前加入另鍋煮好的
蛋包錦上添花，清淡不膩有滋味，令人非常滿
足的青菜蛋包湯。

娃娃菜的挑選，以葉片顏色嫩黃者為佳，其甜
度與口感均優於顏色偏綠的品種。

家常玉米蛤蜊湯 p.56

小朋友跟心裡仍然住著一個小孩的大人都喜歡的湯，可以啃玉米還可以啃排骨，加上新鮮蛤蜊獨一無二的鮮味，雖然家常卻是餐桌上的不敗湯品。

沒有榨菜不加也沒關係，只是每次添加在湯裡，小孩舀取湯汁剛好撈到時，就好像挖到寶、特別開心，加上它對湯頭味道有增加鮮味效果，因此煮飯的人也就更樂於在煮湯的時候投放一些入料。

不過話說回來，這道湯有蛤蜊和排骨坐鎮，即使沒有加榨菜，湯頭也是足夠鮮美。

書裡使用的榨菜，來自復興醬園，選擇原味，整粒的品項，切片浸泡於淨水十來分鐘，讓鹹度降低，再入湯水烹煮，為湯頭提鮮增加風味。

家常玉米蛤蜊湯（4人份）
· ·

材料

新鮮玉米2支
吐完沙的蛤蜊300g
豬梅花排300g
嫩薑薑片20g
榨菜30g
清水1500ml
米酒3大匙
海鹽少許

作法

1 湯排和冷水（份量外）一起入鍋，水量蓋過排骨，中火煮至沸騰轉中小火續煮5分鐘去血水，撈出排骨快速過水洗去表面附著的殘渣。

2 重新燒水，水滾後投入作法1排骨，以及榨菜和米酒蓋上鍋蓋，小火燉煮20分鐘使排骨出味。

3 加入切塊新鮮玉米煮10分鐘。

4 蛤蜊和嫩薑片入鍋煮開。

5 蛤蜊和榨菜均有鹹度，試過味道再酌量加鹽調味提鮮。

小茉的馬鈴薯鮭魚味噌湯（4人份）

》材料
洋蔥1/4顆
中型馬鈴薯1顆
鴻喜菇1包
新合發鮭魚魚肉骨1包（300g）
久右衛門原味高湯包3包
清水1400ml
穀盛有機白味噌1.5大匙
日本越前藏味噌2大匙
蔥花適量

》作法
1 洋蔥切絲、馬鈴薯切條過水洗去澱粉質、鴻喜菇切除尾端備用。
2 湯鍋內加一點油（份量外）將洋蔥及鴻喜菇炒出香氣。
3 注入清水、投入高湯包煮至滾起續煮3分鐘，撈出高湯包。
4 加入馬鈴薯與鮭魚，再次煮至沸騰，撈除浮沫、加入味噌讓它們融化於湯水中。
5 轉小火冉煮3分鐘左右入味，同時撈除鮭魚油脂（如果有的話）。
6 試一下味道濃淡，斟酌調整，需要的話添少許鹽（份量外），起鍋前撒下蔥花即完成。

Tips
鴻喜菇含鳥胺酸，與洋蔥、鮭魚相乘出鮮滋美味；
鳥胺酸據說對預防宿醉、美容與瘦身亦有效果。

小茉的馬鈴薯鮭魚味噌湯 p.57

來自小茉的食譜，小妞說版權所有、媽媽可以用（笑），也因為
很好喝，所以必須把它收進湯便當書裡來。

小茉身為馬鈴薯控，煮味噌湯也喊著要加馬鈴薯，總之就是把自
己喜歡吃的材料都加進來，誤打誤撞煮了一鍋料多味美的好湯，
最後的蔥花要大把大把加，有效消減鮭魚帶來的油潤口感，喝上
一大碗也不膩口。

鷹嘴豆番茄蔬菜湯 p.62

心裡覺得這道湯的正名應該是「好順暢鷹嘴豆
番茄蔬菜湯」，無肉也香、高纖又營養。

蘑菇、黃豆芽除了能釋出讓湯變好喝的鮮味，
同時也和鷹嘴豆一起負責提供植物性蛋白質；
其他蔬菜則是纖維質和湯頭清甜的擔當，無肉
日也好、需要腸胃大掃除的時候也適合，煮上
一鍋，包君滿意：）

》材料

洋蔥150g
蘑菇100g
胡蘿蔔100g
西洋芹100g
高麗菜150g
黃豆芽150g
鴻喜菇1包（120g）
櫛瓜1條（約140g）

切丁番茄罐頭1罐
鷹嘴豆罐頭1罐

優質初榨橄欖油適量
清水或高湯1800ml
義大利綜合香料1/2小匙
鹽1小匙
白醬油2小匙
黑胡椒粉1/4小匙

鷹嘴豆番茄蔬菜湯（4～6人份）

》作法

1 黃豆芽洗淨、鴻喜菇切除根部，其他蔬菜依喜好切成容易入口的大小；罐頭鷹嘴豆瀝乾湯汁、沖水洗去表面黏液。

2 起油鍋投入洋蔥及胡蘿蔔同時拌炒，待洋蔥炒軟續加入鴻喜菇與蘑菇翻炒至聞到香氣。

3 加入西洋芹大略翻炒後將罐頭番茄丁、高麗菜、黃豆芽及清水（或高湯）加進來煮至滾起，投入義大利綜合香料，轉中小火加蓋煮20～30分鐘使食材出味。

4 加入鷹嘴豆和櫛瓜，待櫛瓜熟軟，加鹽、白醬油及黑胡椒粉調味即可。

Tips

鷹嘴豆選用乾貨生豆時，需提前一晚將豆子泡水，隔天瀝水重新注入超過豆子約2公分的清水，煮滾後加蓋續煮50分鐘就有熟軟的鷹嘴豆可以使用。

＼＼材料

牛肉片200g
洋蔥切丁100g
胡蘿蔔切丁50g
西洋芹切丁100g
杏鮑菇切丁100g
薑末8g
牛番茄去皮切丁約220g
馬鈴薯去皮切丁約120g
高麗菜切丁250g

煙燻紅椒粉1/8小匙
不甜的白酒50ml
義大利香料1/8小匙
月桂葉2片
清水1000ml
鹽1又1/4小匙
粗粒黑胡椒適量

橄欖油3大匙

香菜適量（不加亦可）

義式番茄牛肉湯（4人份）

＼＼作法

1 鍋內先放橄欖油2大匙，將洋蔥炒出香氣再依序分次投入胡蘿蔔、西洋芹、杏鮑菇及薑末大略翻炒。
2 再補橄欖油1大匙，加入牛肉炒至斷生。
3 番茄丁入鍋大略翻炒均勻，加入煙燻紅椒粉調味。
4 下白酒與食材拌炒均勻，靜置一會讓白酒收乾。
5 加入清水、月桂葉、高麗菜及馬鈴薯煮滾後投入義大利香料。
6 加蓋小火燉煮20分鐘。
7 最後以鹽及黑胡椒調味即完成。

義式番茄牛肉湯 p.63

平常做菜燉湯大多不會像這裡的食譜一樣秤重論克數，書上食材份量度量化主要在於提供一個實相參考值，也是自我認知裡食譜書寫者應有的敬業，事實上每種材料一一秤重計量很花時間，只有工作時正式記錄調味用料的烹煮才會拿出料理秤來，其他日常裡的炊事都是隨喜隨性、憑感覺增減用料。

所以請別因為食譜裡的長串數字而對廚房卻步，沒有時間壓力時，聽著音樂、專注於烹食炊煮喜歡的料理，心緒自然感到鬆快，而那也正是一人獨享、安靜自在的桃花源。

白花椰菜馬鈴薯濃湯 p.68

西洋芹在西式湯底裡佔有一席之地，經常是西式高湯會
用到的材料，少了它真的是少一味；獨有的特殊香氣在
經過熱炒或燉煮之後會轉化為清甜底蘊、平易近人許
多；短時間內用不完的西洋芹我會洗淨瀝乾後分切成塊
冷凍保存，之後做為熬湯湯底使用十分方便。

這道以馬鈴薯為主體的濃湯也加入十字花科的白花椰菜
來豐富營養，不影響成品色澤又能讓湯喝起來更爽口；
現在許多超市都有販售冷凍白花椰菜米，也可以用來取
代新鮮白花椰，讓料理工序更精簡。

白花椰馬鈴薯濃湯 (4人份)

材料

蒜片10g
洋蔥半顆（約150g）
西洋芹1根（約60g）
白花椰半顆（約150g）
馬鈴薯2顆（約400g）

無鹽奶油40g
月桂葉1～2片
清水1000ml

鹽3/4小匙
黑胡椒粉適量

作法

1 洋蔥、西洋芹及馬鈴薯切丁，白花椰分切。
2 湯鍋內中小火融化奶油，投入蒜片及洋蔥，確實炒出香氣。
3 加入西洋芹及馬鈴薯丁拌炒至西芹熟軟。
4 注入清水、將白花椰及月桂葉加進來一起煮至沸騰。
5 轉為小火，撈除浮沫後加蓋煮三十分鐘。
6 熄火，取出月桂葉，以調理機將鍋內食材打成濃湯狀。
7 回到爐火上小火加熱，加鹽及黑胡椒粉調味即完成。

高纖紫高麗濃湯（4人份）

∥ **材料**

紫高麗菜半顆
洋蔥絲半顆量
罐頭玉米醬1罐
無鹽奶油20g
鮮奶200ml
清水400ml
無調味堅果適量
鹽約1/2小匙

∥ **作法**

1 冷鍋投入奶油，中小火融化後將洋蔥絲入鍋慢慢炒至焦化、香氣撲鼻。

2 加入切絲的紫高麗菜拌炒至熟軟。

3 罐頭玉米醬及清水加進來，加熱至鍋邊冒小泡泡時將鍋子離火。

4 用均質機（調理棒）將作法3打成濃湯。

5 加少許無調味堅果，用調理棒打碎，增加風味。

6 鍋子回到爐火上，加入鮮乳攪拌均勻，加鹽調味，煮至剛好沸騰即可熄火。

高纖紫高麗濃湯 p.69

女兒跟我都喜歡這道顏色柔和又出挑的濃湯，
因為材料只有蔬菜、味道也不會搶味，特別容
易搭配其他餐食。

生菜沙拉經常出現的紫高麗菜；做為配色用途
每次的使用量不多，如果曾經為了消化它而傷
腦筋，不妨試試拿來做成濃湯，或許也會成為
另一種喜歡的風味。

⑃卡布奇諾蘑菇濃湯 p.74

蘑菇除了鮮香迷人,它的蛋白質、維生素和纖維素的含量也比一般蔬菜高,屬於高蛋白、低脂肪的優質食材。

蘑菇濃湯上桌,總是能讓家庭餐桌有一股跳脫日常的新鮮感,做法超級簡單、只需留意蘑菇的清潔,如果水洗,不要浸泡在水中、避免吸收太多水分而影響成品風味;有些料理人主張蘑菇不要清洗,用紙巾擦拭就好,倘若買到的蘑菇非常乾淨,不妨試試看未經清洗的蘑菇煮起來有沒有特別香。

卡布奇諾蘑菇濃湯（4人份）

∥材料
蘑菇切片300g
洋蔥絲150g
馬鈴薯切丁300g
蒜片10g
橄欖油2大匙
無鹽奶油30g
雞高湯600ml
鮮乳100ml
黑胡椒適量
海鹽1.5小匙

∥作法
1 鍋內倒入橄欖油，將洋蔥炒出香氣後加入蒜片續炒至顏色金黃漂亮。
2 加入無鹽奶油及蘑菇拌炒，待蘑菇體積縮小後投入馬鈴薯丁大略翻炒。
3 此時蘑菇會出水，靜置一會耐心等待水分收乾。
4 水分收乾再倒入雞高湯，用鍋鏟把拌炒過程中釋放在鍋底的精華刮起、融入湯裡，煮至沸騰後將火力轉小，加蓋煮15分鐘。
5 熄火，以攪拌棒或食物處理機將鍋內食材打碎成濃湯。
6 回到爐火上，加入鮮乳，小火煮滾後以黑胡椒及海鹽調味即成。

蝦美味南瓜濃湯（4人份）

》材料

新合發甜蝦蝦頭2盒（16只）
南瓜削皮去籽切片600g
洋蔥切片50g
米酒3大匙
橄欖油3大匙

清水1000ml
鹽1/2小匙
黑胡椒粉少許

》作法

1 乾鍋投入蝦頭及米酒，中大火燒開至米酒揮發。
2 加入橄欖油轉中火將蝦頭炒至溢出蝦油。
3 投入洋蔥及南瓜炒軟。
4 加入清水煮沸撈除浮沫同時續煮20分鐘。
5 熄火撈出蝦頭，取均質機將南瓜打成濃湯。
6 回到爐火上，小火煮沸後以鹽及黑胡椒粉調味即完成。

Tips
加水煮沸後產生的浮沫是雜味來源，務必撈除。

蝦美味南瓜濃湯 p.75

雖然加了蝦頭不適合兩天以上的冷藏存放、但
能讓千篇一律的南瓜濃湯添加新意與鮮味。另
一個優點是它不用長時間燉煮，晚餐快煮一
鍋，將要帶便當的份量裝好，放涼冷藏，其餘
的趁著鮮美當餐喝掉；公事、家事繁忙的工作
日，中午簡單微波加熱便能喝到熱騰騰、稍有
講究的西式濃湯，給認真的自己一份實實在在
的溫慰。

⑶番茄藕片排骨湯 p.80

蓮藕排骨湯的變化版，增加了番茄酸甜風味以
及蕈菇多醣體，使得營養更多元，喝湯飽腹的
同時也強化免疫力、增加膳食纖維吸收。

使用新鮮番茄或罐頭番茄塊都可以，如果使用
的是罐頭番茄，那麼湯頭最後的調味；請根據
番茄罐頭本身是否有含鹽或香料來斟酌用量。

番茄藕片排骨湯（2～3人份）

﹨材料
整顆番茄罐頭1罐
蓮藕150g
湯排300g
鴻喜菇1包
清水1000ml

月桂葉2片
帶皮大蒜6～7瓣
黑胡椒粉適量
海鹽1/3小匙

﹨作法
1 清水加整顆番茄罐頭一起煮沸後加入處理好的湯排及蓮藕，煮至沸騰。
2 加入月桂葉及帶皮蒜粒，加蓋、小火燉煮1小時。
3 鴻喜菇（或混合雪白菇）入鍋續煮10分鐘。
4 以黑胡椒粉及海鹽調味即完成。

Tips
湯排和冷水（份量外）一起入鍋，水量足夠蓋過排骨，中火煮至沸騰後轉中小火續煮 5 分鐘去血水，撈出排骨過水洗去表面附著殘渣後再拿來燉湯。

雞粒玉米濃湯（4人份）

≋ 材料

雞絞肉200g
罐頭玉米粒340g
罐頭玉米醬418g
洋蔥切丁100g
西洋芹切丁50g
去皮馬鈴薯切丁120g
清水500ml
無鹽奶油30g

雞肉醃料
鹽2g/白胡椒粉少許/橄欖油0.5小匙

鹽1/2小匙
粗粒黑胡椒適量

≋ 作法

1 雞絞肉揉入醃料備用。
2 熱鍋將一半奶油融化加入作法1炒熟，盛起備用。
3 原鍋投入其餘奶油將洋蔥炒出香氣，西洋芹及馬鈴薯加進來一起炒至半熟。
4 玉米粒入鍋，全部食材翻炒至熟透。
5 加入玉米醬及清水煮至滾起，加蓋轉小火煮10分鐘。
6 熄火，將鍋內食材以調理棒打成濃湯。
7 加入作法2再次煮滾，加鹽調味即完成。

Tips
喜歡奶香味的話也可以在步驟7調味前加入適量鮮乳增加香氣。使用不同品牌或是新鮮玉米煮出來的湯味道不盡相同，這份食譜選用綠巨人珍珠玉米粒及珍珠玉米醬各一罐。

雞粒玉米濃湯 p.81

童年時，家裡在宜蘭開台菜餐廳，爸媽忙於店內生意經常無暇顧及我，有時爸爸朋友來訪，便會帶我去咖啡廳陪著叔叔阿姨一起約會，不同於自家店裡客人圍桌笑語喊拳的熱鬧喧騰，西式咖啡廳裡流洩的西洋音樂即使小孩聽不懂，仍然能感受到那輕輕柔柔的氛圍。

擔任小電燈泡伙食還不錯，叔叔阿姨幫我點的三明治和玉米濃湯好美味，第一次喝到用西式潔白磁盤盛裝的玉米濃湯，舌尖簡直樂開了花，香香甜甜又滑順的口感，新鮮感十足，也許從那時開始就在心裡埋下喜歡去咖啡廳的種子。

玉米含類胡蘿蔔素，可抗氧化、延緩眼睛老化及黃斑部病變，家裡常備非基改罐頭玉米粒，除了煮玉米濃湯可用，料理馬鈴薯沙拉、肉末馬鈴薯或者玉米蒸肉也能派上用場，營養價值不輸給新鮮玉米，濃湯裡額外加了一些蛋白質豐富的雞胸肉，增加口感、也均衡營養。

白蘿蔔濃湯 p.86

有想過白蘿蔔也能煮出西式濃湯（？）自從在天母一家
早午餐餐館喝到讓人驚喜的白蘿蔔濃湯後，也很想讓兩
個小孩嚐嚐，但假日不願早起的兄妹倆早就不像小時候
那樣，礙於年紀小不能自己在家而必須跟著我們出門買
菜去，於是那早午餐只能是週末買菜後夫婦兩人的進貢
五臟廟行程。

帶著跟小孩分享的心情，在家裡複製這款自己很喜歡的
湯品，熟悉的白蘿蔔香氣以不同的樣貌和口感呈現，清
新卻又濃郁，極富新鮮感。

白蘿蔔濃湯 （4人份）

〉〉材料

昆布高湯600ml
洋蔥切絲200g
白蘿蔔切薄片400g
西洋芹切小丁20g
初榨橄欖油3大匙
鹽1/2小匙

鹽1/4小匙
粗粒黑胡椒適量
初榨橄欖油少許

〉〉作法

1 起油鍋中小火投入洋蔥大略翻炒後加入鹽1/2小
   匙，持續拌炒至洋蔥熟軟、香氣四溢。

2 投入白蘿蔔及西洋芹，翻炒至食材均勻裹上油
   脂。

3 注入昆布高湯煮至滾起，轉為小火、蓋上鍋蓋
   燉煮30分鐘至蘿蔔熟軟。

4 熄火，以調理棒將作法3打成濃湯。

5 回到爐火上，以小火再次加熱，加鹽1/4小匙、
   粗粒黑胡椒及少許初榨橄欖油即完成。

泡菜豆腐辣湯（4人份）
· ·

〞材料

韓式泡菜200g　　韓式辣醬1小匙
韓式魚板80g　　　韓式辣椒粉1/8小匙
凍豆腐400g　　　韓式魚露1小匙
杏鮑菇100g　　　韓式芝麻油1小匙
櫛瓜200g　　　　青蔥適量
火鍋肉片200g
蒜泥2小匙
清水1500ml
無調味鰹魚高湯包3包

〞作法

1 清水與高湯包一起入鍋，中火煮至
　沸騰續煮3分鐘後取出湯包。
2 投入泡菜／凍豆腐／杏鮑菇，煮滾
　後加入魚板、櫛瓜及蒜泥與韓式辣
　醬。
3 櫛瓜轉熟之後即投入火鍋肉片。
4 以魚露及韓式辣椒粉調味。
5 最後加入芝麻油及蔥花即完成。

泡菜豆腐辣湯 p.87

每年冬天氣溫一下降，自然而然地廚房裡就會煮起這道湯，和韓式料理很對味的小茉特別喜歡，每次保溫罐裡帶這款湯品，放學的時候一定能聽到她說：今天便當好好吃。

湯裡的食材可以很隨性，唯有泡菜需要稍加講究，畢竟它是這道湯的靈魂、左右成品風味；沒有高湯包做基底、改成新鮮蛤蜊來增加鮮味也合宜。

濕冷的天氣，熱湯入喉身暖氣和，煮一鍋有菜有肉有豆腐的湯，只需一碗白飯便是一頓營養均衡的正餐。

⑻韓式馬鈴薯排骨湯 p.92

屬於滋味香濃醇厚的湯，選用豬肋排來燉煮
才對味，有點像我們的藥燉排骨，喝湯之
外，啃著排骨邊肉也是重點。

因為要帶便當裝入湯罐，因此排骨的長度以
適口為佳，倘若只在家裡享用，那麼就讓肋
排保有它原本的樣子，大口吃肉、大口喝
湯！

馬鈴薯吸飽了排骨湯的鮮香甘醇，鬆軟Q綿的
口感，馬鈴薯控大愛！

材料

豬肋排700g
馬鈴薯4顆
黃豆芽250g
薑片25g
蔥白段25g（5根蔥）
蒜泥50g（1.5大匙）
韓式芝麻油 2大匙
韓式大醬2大匙
韓式辣椒醬2大匙
米酒4大匙

清水2000ml
韓式細辣椒粉3/4小匙
黑胡椒粉1/2小匙
白醬油1小匙
青蔥適量
現磨黑芝麻粉適量（或略）

作法

1 豬肋排置入鍋中注入冷水（份量外），以中小火慢慢煮至沸騰，燙除血
　水雜質，洗淨備用。
2 黃豆芽洗淨、馬鈴薯削皮切大塊泡冷水備用。
3 熱鍋注入芝麻油炒香薑片及蔥白，加入蒜泥、韓式大醬、辣椒醬及米酒
　翻炒均勻。
4 投入肋排、黃豆芽大略拌炒。
5 加入清水煮至滾起，轉小火加蓋燉煮四十分鐘。
6 投入馬鈴薯加蓋續煮三十分鐘。
7 加入辣椒粉、黑胡椒粉及白醬油調味。
8 食用前添些蔥綠及現磨黑芝麻粉即完成。

韓式馬鈴薯排骨湯（4人份）

∥材料

牛肉片200g
乾燥海帶芽20g
清水或高湯1400ml
薑絲10g
蒜泥10g
韓式芝麻油2大匙
鹽約3/4小匙

醃料

黑胡椒粉適量
米酒2大匙
韓式芝麻油1小匙

蔥絲適量

韓式海帶芽湯（4人份）

∥作法

1 牛肉片依序揉入醃料備用。
2 海帶芽以600ml冷開水泡開（浸泡時間不超過1分鐘），瀝乾水分備用。
3 起油鍋投入韓式芝麻油及作法2，翻炒3至5分鐘。
4 注入高湯煮至滾起。
5 將薑絲及蒜泥加進來煮15至20分鐘使湯汁入味。
6 牛肉片入鍋煮熟、撈除浮抹以鹽調味。
7 最後佐以蔥絲增加香氣即完成。

Tips

乾燥海帶芽泡水時間不超過一分鐘，只要還原軟化即可下鍋拌炒。

韓式海帶芽湯 p.93

「食材簡單卻意外好喝的湯。」用一句話來形容
這道湯,我會這樣說。

快速泡水還原的乾燥海帶芽經過熱油翻炒、足夠
時間燉煮之後,湯汁濃郁十分夠味;將牛肉片換
成蜆仔或蛤蜊又是另一種鮮美。可以的話儘可能
選用來自韓國的海帶芽及芝麻油,風味更道地。

元氣豬肉味噌湯 p.98

有一款湯，當煮婦沒有靈感的時候，不花腦筋就能上桌。有一款湯，當冰箱裡食材選擇有限的時候，它繁簡由人沒有非得要備齊什麼才能上桌。有一款湯，不受天氣或季節限制，一年365天、天天都適合上桌…。

它是豬肉味噌湯。

常備的火鍋肉片，加上洋蔥和味噌是基本組合，其他的依自己口味喜好或營養需求隨意搭配，用手邊現成的食材烹煮一鍋滋潤身心脾胃的湯，簡單不費工夫。

元氣豬肉味噌湯（4人份）

※ 材料
火鍋豬肉片220g
洋蔥切絲100g
胡蘿蔔切薄片30g
杏鮑菇切薄片60g
白花椰菜200g

無鹽柴魚高湯1200ml
味噌適量（約3大匙）
蔥花適量

料理油 2大匙

※ 作法
1 起油鍋將洋蔥炒出香氣後加入胡蘿蔔與杏鮑菇翻炒，去除生澀味。
2 注入高湯煮至滾起，加入白花椰煮熟。
3 投入肉片燙熟之後撈除浮末。
4 加入味噌充分融化於湯水，每個品牌味噌濃淡不一，起鍋前試喝確認鹹度後撒下蔥花即完成。

Tips
日式味噌不適合久煮或大火烹煮，所有食材都熟透再加入味噌，均勻融化後便可熄火。

香芹胡蘿蔔濃湯（4人份）

〉材料

半顆洋蔥切丁約80g
胡蘿蔔去皮切片1條（約200g）
西洋芹切丁50g
無鹽奶油50g

清水500ml
鮮乳100ml
鹽1/2小匙

〉作法

1 冷鍋投入無鹽奶油以中小火融化，隨即投入洋蔥丁炒至聞到香味。
2 胡蘿蔔入鍋與洋蔥一起繼續拌炒至整體看起來水潤油亮。
3 投入西洋芹翻炒至完全熟透。
4 加入清水煮至滾起，轉小火加蓋煮15分鐘。
5 熄火，加入鮮乳，以均質機或調理機打成濃湯狀。
6 回鍋小火重新加熱至微微冒泡沸騰即可加鹽調味。
7 趁熱享用。

Tips

胡蘿蔔及西洋芹透過足夠時間的加熱拌炒能夠有效去除生味，煮出來的濃湯只會有鮮蔬的香甜不帶澀味。步驟5加入鮮乳讓鍋內食材降溫再去攪打比較安全。帶湯便當時可前一晚做好，待降溫後盛裝入可微波或電鍋蒸的容器冷藏保存，隔日做好保冷（鮮）管理，中午食用時再複熱，味道不變。

香芹胡蘿蔔濃湯 p.99

聽起來是不太受歡迎的湯啊，又是芹菜又是胡蘿蔔⋯但其實以上兩
者獨特的味道最後並不會顯現在成品裡。小眉角是，準備一些耐心
和時間確實將西洋芹和胡蘿蔔翻炒至生味消除（冷凍過的西洋芹生
澀味也比較不明顯）。不特別說的話，上桌第一眼經常會讓食客們
以為是南瓜濃湯、可是沒有南瓜濃湯的味道，一入口又說不上來是
什麼湯，只知道是好喝的、香香甜甜的濃湯，聽到是胡蘿蔔，每個
人都是一臉意想不到的表情：D

木鱉果排骨湯 p.104

初見木鱉果時完全不知道要如何料理它，經不住對食材的好奇，決定帶回家一試，就依老闆說的拿來煮湯；它奇特又讓人印象深刻的外表看起來有些距離感，但完熟的木鱉果經過燉煮，並沒有什麼突出的味道，「啊原來是個好相處的傢伙呢！」

「有很多的類胡蘿蔔素、葉黃素，對眼睛很好」菜攤老闆這樣說。

木鱉果茄紅素也含量豐富，對心血管與攝護腺有養護效果，同時含有膠原蛋白Q10、Omega 3和B1,B2，養顏美容又補充能量，適合全年齡食用。

除了營養多元，燉煮之後顏色仍然鮮麗也是它的優點，夏天的市場遇見木鱉果時，不妨試著領它回家試試風味。

木虌果排骨湯（2～3人份）

◎材料
新鮮木虌果1顆
豬小排300g（台灣豬腹協排）
薑片10g
清水1000ml
米酒30ml
鹽1/2小匙
蔥花適量

◎作法
1 燙排骨：排骨與冷水（份量外）一起入鍋，中小火煮至滾起，續煮5分鐘後撈出排骨洗淨備用
2 木虌果削皮去籽，果肉切成適口大小。
3 作法1及薑片放入湯鍋，注入清水煮至沸騰後加入米酒，轉小火燉煮30分鐘。
4 投入作法2，加蓋中小火續煮15分鐘，最後加鹽調味、佐以適量蔥花即可。

木虌果冬瓜番茄清雞湯（4人份）

材料

番茄1顆
木虌果1顆
冬瓜1圈
薑片10g
榨菜10g
雞腿骨2付
魚（摃）丸數顆（可不加）
清水2000ml

鵝油蔥1小匙
鹽約1小匙（視榨菜鹹度）
米酒1小匙
白胡椒粉適量

作法

1 番茄、冬瓜分別去皮與籽、木虌果削除厚皮去籽（籽可留下炊飯），三者皆切成適口大小。
2 雞腿骨汆燙去除雜質，洗淨後與冷水一同入鍋煮至沸騰，如有浮沫，撈除。
3 投入番茄、冬瓜、薑片和榨菜，煮滾，撈除浮末續煮15分鐘。
4 投入木虌果（魚丸摃丸此時一起加），煮至所有食材皆熟軟。
5 依序加入所有調味料即完成。

Tips

番茄去皮與籽的用意在於希望得到清澈的湯汁，市售軟皮用削皮刀可以俐索削去番茄外皮，或者在頂部用刀劃十字淺紋後入滾水汆燙10秒撈出泡冰水，也能夠很容易剝除外皮。取出來的番茄籽可用於番茄炒蛋。木虌果的籽可以和白米一同炊煮，做法請參考 p.158「惡魔果實炊飯」。

木鱉果冬瓜番茄清雞湯 p.105

有「來自天堂的果實」稱呼的木鱉果，削去外皮之後，果肉可食，種籽還可以拿來炊飯（請參考書上另一道食譜「惡魔果實炊飯」），它本身沒有太特殊的氣味，因此很好跟其他食材組合搭配，變成飯桌上新的菜色。

融合木鱉果、冬瓜與番茄風味的這道湯可以說是夏季果實小派對，清清爽爽的湯水，很適合在炎熱的天氣裡幫身體補充元氣和水分。

紅燒牛肉湯 p.110

建中熱食部的紅燒牛肉麵在高一新生時期曾經有段時間讓哥哥為之著迷，一開始先用便當菜跟同學交換喝湯、後來進階成整個便當換一碗牛肉麵，接著有一陣子乾脆不帶便當，天天向熱食部報到；對於兒子這樣喜新變心，媽媽態度是由他去吧，但有悄悄地做功課把功力練好，待時機成熟再用家製版紅燒牛肉麵重新收服兒子的胃。

媽媽版的牛肉麵有點費工，熬製牛骨高湯之外、也做了能讓湯頭香氣提升好幾階的牛脂香辣油，一向喜歡省事的煮婦願意不辭勞力與時間烹煮一鍋紅燒牛肉湯，無非因為成品風味鮮香芳醇，十分迷人。看著餐桌上家人吃得津津有味、捨不得說話，烹煮過程的細瑣繁複也如雲煙，由它去吧！

紅燒牛肉湯（10人份）

原湯底

〉〉材料

牛骨1公斤
老薑30g
青蔥50g
洋蔥1大顆
牛肉用滷包3份（這裡使用的每份為4g，包括肉桂，茴香、八角、丁香、芫荽及花椒，為市場牛肉攤肆附贈。）
清水4公升

〉〉作法

牛骨汆湯去血水雜質、洗淨，與清水一同入鍋煮至沸騰，如有浮末撈除後再加入辛香料及滷包，轉小火加蓋熬煮100分鐘完成牛骨高湯。

紅燒牛肉

〉〉材料

切塊牛腱心或牛肩胛肉2000g
青蔥40g
老薑70g
大蒜70g
原色冰糖粉2.5大匙
豆瓣醬3大匙
瑞春白醬油4大匙
醬油4大匙
紹興酒4大匙
米酒300ml
熱開水1500ml
原湯底2200ml
月桂葉1g

〉〉作法

1 起油鍋炒香蔥薑蒜，投入牛肉大略翻炒至斷生（如有水分釋出，等待水分收乾再下調料），將大蒜取出裝入濾袋（可避免湯汁混濁）。

2 投入冰糖炒勻，加入豆瓣醬翻炒出香氣。

3 加入白醬油與醬油燒出醬香，淋下紹興酒與米酒煮至沸騰。

4 裝有大蒜的濾袋回鍋，同時加入熱開水、牛骨原湯及月桂葉煮滾，轉小火加蓋燉煮2小時左右。

5 食用時依喜好佐以牛脂香辣油、蔥花或蒜苗、酸菜；做成牛肉湯泡飯或牛肉麵。

牛脂香辣油

〉材料
牛油600g
粗辣椒粉30g
細辣椒粉30g

辛香料
薑片40g
青花椒12g
大蒜30g
辣椒數根
青蔥30g

〉作法

1 牛油分切小塊，投入乾淨無水的深鍋以中小火慢慢將固態油脂轉換成液態牛油，需時約20分鐘左右，可用透氣的擋油鍋蓋或防噴油網減少過程中可能產生的油脂濺出，但不要使用密閉式鍋蓋以免產生水氣引發油爆危險。

2 待脂肪塊成為酥脆油渣時即可撈除，瀝出來的液態牛油稍微降溫後再進行去腥增香工序。

3 準備乾淨無水耐高溫容器，置入粗、細辣椒粉備用。

4 無水炒鍋內倒入降溫的作法2，投入辛香料以中小火煉出香氣，待蔥段轉黃褐色時即可熄火，一邊過濾掉辛香料同時趁熱將油沖入作法3。

5 完成的牛脂香辣油待涼後冷藏保存，靜置一天入味。

Staple food · dessert

飽嘟嘟・好滿足
主食／甜點

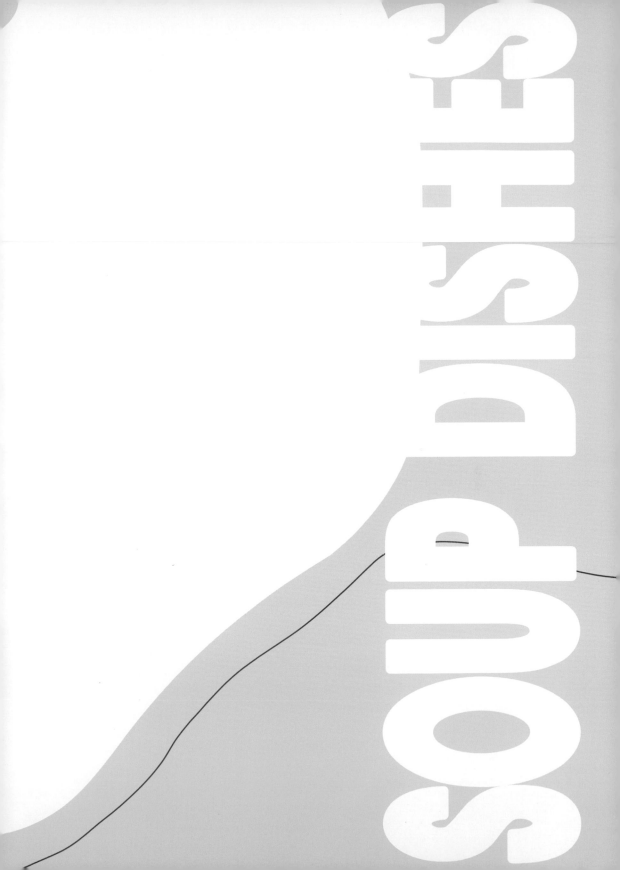

SOUP DISHES

綠竹筍炊飯 p.116

竹筍出產季節，菜市場上隨處可見裹著泥土或是泡在涼水桶中的綠竹筍，當季綠竹筍不論是沙拉冷啖或煮湯熱食，少有人能拒絕它清甜爽口如水梨般的滋味，經過專賣竹筍的菜攤，拎個6～8支肥美微彎、形似牛角的鮮筍回家，已然是夏日市場採買必要。

綠竹筍採買回家後隨即帶殼煮熟，再存放冰箱才能最大程度保留它的鮮嫩甘美，除了做涼筍沙拉，煮熟的筍子和白米一起炊煮，烹食一鍋高纖竹筍炊飯也是炎夏治癒萎靡食欲的良方。

這份食譜同時融入了高麗菜乾的清甜、柴魚高湯的鮮味，與竹筍的甘美相輔相成，很容易讓人一口一口迅速完食。

綠竹筍炊飯（4人份）

材料

白米2杯
綠竹筍1支（去殼淨重約250g）
高麗菜乾20g
米酒2大匙
日式四倍濃縮香菇醬油2大匙
無鹽柴魚高湯300ml
鵝油蔥1大匙
鹽1小撮

作法

1 高麗菜乾沖洗數次瀝乾備用。
2 綠竹筍帶殼加蓋水煮20分鐘，放涼。
3 作法2去殼，底部及側邊纖維較粗的部分去除，切成適口大小。
4 白米淘洗數次瀝乾水分，平鋪於鍋內。
5 依序將竹筍、高麗菜乾、高湯以及所有調味料加進來。
6 啟動正常白米炊煮模式。
7 煮好的炊飯以飯匙輕輕拌鬆即可食用。

Tips

綠竹筍在這裡因為要與白米再次烹煮，因此燙煮時間較短，如果要做為涼筍沙拉使用，至少要煮40分鐘（視竹筍數量多寡略增加時間），水量需蓋過所有竹筍，由冷水煮起，水滾後開始計時。

奶油蘑菇拌拌飯（2人份）

材料

無鹽奶油30g
薑末8g
蘑菇切片200g
紅蘿蔔切小丁30g
日式4倍濃縮香菇醬油1小匙
黑胡椒適量
乾燥巴西里適量

白米1杯
清水1杯

作法

1 白米淘洗數次瀝乾水分置入土鍋，加入份量內的水，加蓋以中火煮至鍋邊有白煙冒出，轉小火計時8分鐘。
2 時間到，將火力調整為中大火持續30秒，讓鍋內水氣排出，熄火不開蓋續燜10分鐘。
3 利用燜飯時間另起一鍋料理蘑菇：炒鍋內中小火融化奶油，投入薑末略炒，續投入蘑菇及紅蘿蔔丁大略拌炒後靜置，讓蘑菇出水收乾。
4 將鍋內食材撥至鍋邊，確認水分收乾，轉成小火淋下醬油燒出醬香。
5 混合醬油與蘑菇炒料，添適量黑胡椒增香。
6 燜好的白飯與作法5翻拌均勻即完成。
7 食用時撒些許乾燥巴西利，趁熱吃或冷食，風味都好。

奶油蘑菇拌拌飯 p.117

土鍋蒸飯，加上用奶油炒香的蘑菇「拌」出讓味蕾感
到驚喜的風味。

即使冷掉再吃，香氣依然令人折服，料理工序也不繁
複，倘若將米飯交由電子鍋炊煮，我們甚至可以說這
是一道懶人料理，而且營養跟味美同時俱備。

蘑菇含有豐富植物性蛋白質，經過奶油熱炒其風味更
加突出，黑胡椒的辛香和蘑菇也是絕配，兩者相乘，
讓拌飯一入口便精準收服食客味蕾。

土鍋櫻花蝦櫻桃蘿蔔炊飯  p.122

櫻桃蘿蔔外皮有著鮮麗的色澤，切薄片後一圈緋紅襯著蘿蔔果
肉更顯雪白，常見於西式沙拉盤上以點綴配色的方式出現；自
家便當裡的櫻桃蘿蔔有時會與壽司醋調味做為漬菜，這一、兩
年來更喜歡將它切成舟狀，與球芽甘藍一同置於鋪上烘焙紙的
耐熱淺盤，由高處撒幾撮鹽、淋下比剛好再多一些的特級初榨
橄欖油，交由烤箱料理；烤熟之後的櫻桃蘿蔔味道與口感和煮
熟的白蘿蔔相似，比起生食，更受家人喜愛。

既然熟食風味亦好，不如將它入菜炊飯，既有滋味也別有風
情，味覺與視覺同時照顧。

土鍋櫻花蝦櫻桃蘿蔔炊飯（4人份）

材料

白米2杯
清水2杯

櫻花蝦乾10g
新鮮櫻桃蘿蔔50〜80g
無調味日式高湯包1小袋
鹽1/2小匙

白醬油2大匙
日式芝麻油2〜3大匙

作法

1 白米淘洗數次，浸泡二十分鐘備用。

2 瀝乾水分倒入土鍋重新加水，櫻桃蘿蔔洗淨切片與櫻花蝦乾一起置於白米上。

3 高湯包拆封將湯底粉末倒入作法2。

4 加鹽、蓋上鍋蓋以中大火炊煮至沸騰、鍋邊有白煙冒出。

5 將火力調整為小火，開始計時十分鐘。

6 準備一條乾淨長條布巾沾水打濕擰乾，繞一圈鋪在鍋縫上減少蒸氣溢出。

7 十分鐘時間到，移開布巾，將火力轉為大火持續約30秒，讓鍋內多餘水氣排出。

8 不開蓋續燜十分鐘，之後趁熱拌入白醬油及日式芝麻油，輕輕翻拌均勻即完成。

Tips

1 移上爐火前請先擦乾鍋子表面水分（含鍋底），保護鍋具可以更長久使用。

2 櫻桃蘿蔔也可以用白蘿蔔替換。

鍋煮高麗菜麻油雞炊飯（4人份）

∥材料
白米2杯
去骨土雞腿肉2支
高麗菜100g
老薑薑片20g
黑麻油20ml
玄米油30ml

米酒80ml
清水220ml
白醬油40ml

∥作法
1 白米洗好瀝乾水分備用（上面鋪一張沾濕的紙巾防止乾燥）。
2 去骨雞腿切成適口大小。
3 起油鍋從冷油開始煸香薑片，直到薑片呈現捲曲狀。
4 投入雞肉半煎半炒至表面上色。
5 白米入鍋，接著加入米酒、清水及白醬油。
6 加入高麗菜大略翻炒至體積變小。
7 將鍋內所有食材壓平，待湯汁沸騰蓋上鍋蓋轉小火燜煮15分鐘。
8 時間到熄火不開蓋，續燜15分鐘，翻鬆炊飯即完成。

鍋煮高麗菜麻油雞炊飯 p.123

自小食台菜長大的胃，很難抗拒麻油雞撲鼻而來的香氣，除了烹煮成湯我們也愛麻油雞飯的軟香綿糯，加了高麗菜一同炊煮之後又有豪華版高麗菜飯的意味，雞腿去骨之後跟著米飯一起入口，食用起來更為順口，選用肉雞或仿土雞或土雞依自己喜好即可，倘若單純燉湯請保留完整腿骨一起烹煮，鮮味方足。

香料雞球蕈菇炊飯 p128

先自首這是煮婦省工偷懶時的簡約料理，省去生
醃雞腿、洗菜備料工序，以美式賣場販售的半成
品為底，輔以拆開包裝即能入鍋使用的蕈菇，節
約心力簡單烹煮。

沾裹著醬料的雞腿排先入不沾平底鍋、不放油，
以文火將表面煎至微焦上色，多添幾分香氣之
餘，讓肉纖維稍微緊密一些，於口感也有助益。

香料雞球蕈菇炊飯 （4人份）

材料

白米2杯
清水1又3/4杯

好市多台灣沙嗲去骨清腿3支
鴻喜菇1包
月桂葉2片
米酒1小匙
白醬油2大匙

作法

1 白米淘洗數次，瀝乾水分置於炊飯內鍋，重新注入份量內的水靜置20分鐘。

2 不沾鍋免放油，雞腿排帶皮那面朝下貼著鍋底平放，將雞腿排兩面煎至上色即取出（不用煎熟），分切成適口大小。

3 作法1白米上依序擺放切去根部的鴻喜菇及作法2。

4 加入米酒、白醬油及月桂葉。

5 以快煮鍵炊煮；飯煮好後用飯匙輕輕翻拌均勻即可食用。

芋香糯米飯（4人份 x2 餐）

材料

長糯米2.5杯
豬肉絲250g
芋頭丁250g
乾香菇40g
油蔥酥20g

醃肉醬料：
醬油／米酒
各1小匙
白胡椒粉適量

炒料調味：
醬油2～3大匙
XO醬2大匙
香菇水300ml
白胡椒粉適量

玄米油2大匙
黑麻油2大匙

預備：

豬肉絲揉入醃料，冷藏1小時入味。
乾香菇快速過水沖洗，加入500ml冷水浸泡1小時。

作法

1 長糯米淘洗數次，泡水二十分鐘瀝乾水分，倒入內鍋（電子鍋），注入1又3/4杯水量，按一般煮飯行程炊煮，煮好後續燜10分鐘（全程合計約1小時）。

2 泡軟的香菇擠乾水分、去梗切絲，香菇水留存備用。

3 熱鍋加入玄米油及黑麻油，將芋頭丁煎至上色定型撈出備用。

4 原鍋投入香菇炒出香氣後撥至鍋邊加入豬肉絲拌炒。

5 肉絲炒至斷生，油蔥酥加進來大略翻炒。

6 加入醬油及XO醬炒出香氣，注入香菇水煮至滾起，撒適量白胡椒粉增香。

7 投入作法3，翻拌均勻後加蓋小火燜煮三至五分鐘使芋頭完全熟軟（鍋內應仍有適量湯汁）。

8 熄火將作法1加進來與鍋內醬汁及食材翻拌均勻即成。

Tips

炊煮長糯米時，米與水的比例約 1：0.6 或 0.7，用平時煮飯的電子鍋炊煮最為方便；也可以延長泡水時間至 3 小時左右，瀝乾水分用蒸鍋蒸煮 30 分鐘。

芋香糯米飯 p.129

就是台式油飯，配料隨自己喜好增減變化，可豐可儉葷素皆宜。

油飯好吃與否，和糯米蒸煮口感以及香菇、醬油香氣底蘊息息相關；製作油飯時我慣用長糯米，重要的蒸煮工序分別試過竹籠、蒸爐和電子鍋，最喜歡也最容易上手並節省時間的就是這份食譜的方式。

電子鍋炊煮糯米飯的米水比例與白飯大不相同，一般約是1：0.6或 1：0.7，新米舊米也略有差異，反正是自家食用，壓力不大，每回合少量烹煮多煮幾趟，待熟稔上手後再做巨量以饗親友，或許還能培養出第二專長。

秋冬時大甲芋當值產季，口感香氣俱足，芋頭控遇上好吃的芋頭總是甜鹹皆收，外頭較少吃到的芋香油飯自家可製，足量芋角和醬香濃郁軟Q糯米飯一同入口，鹹香之餘，口感亦討喜。

海苔酥與菜脯蛋飯糰 p.134

稀鬆平常的食材用另一種方式呈現，換來新鮮又饒有
趣味的食感，做菜靈感匱乏的時候不妨換個角度來
看待自己熟悉的用料，不拘泥於舊有形式，有時候那
「試試看」的一個轉彎，不但帶來新的視角也讓下廚
多幾分意趣。

女兒說，做成壓壽司的海苔酥拌飯跟菜脯蛋鬆拌飯吃
起來跟平常不太一樣，雖然只有多一個步驟，卻更好
吃了！為什麼？

為什麼呢？你要不要也試試看：）

材料

A 白飯150g
雞蛋2顆
清水1小匙
鹽1g
蘿蔔乾適量

B 白飯250g
海苔酥10g

芝麻油適量
方形便當盒2個（容量300ml）

海苔酥與菜脯蛋飯糰（2人份）

作法

1 蘿蔔乾洗去表面殘留鹽分，泡水20分鐘瀝乾切丁。

2 雞蛋加水與鹽拌勻，中小火熱油鍋，倒入蛋液，二雙長筷於鍋內以畫圓方式快速攪拌蛋液，半熟狀態即可離火，利用鍋內餘溫熟成並持續攪拌成軟嫩蛋鬆。

3 原鍋不必再放油，直接投入作法1，中小火拌炒至蘿蔔乾香氣四溢。

4 混合白飯A與作法2和3，需要的話可以拌入些許芝麻油（份量外）。

5 便當盒內鋪上保鮮膜，作法4裝進來以飯匙將米飯壓實壓緊定型。

6 倒扣作法5於烘焙紙上（防沾），刀面抹油，將壓好的飯糰十字分切。

7 白飯B與海苔酥混拌均勻，重覆作法5和6。

8 兩種口味的壓飯糰分別交換其二，交錯放置再倒扣回飯盒內即完成。

迷你紅豆米粽（約22顆）

材料

長糯米2杯
紅豆2杯
鹽5g
糖5g

竹葉22張
棉繩60cmx22條

作法

1　竹葉、糯米、紅豆分別洗過、泡水3～4小時。
2　竹葉剪去頭尾兩端尖角。
3　浸泡好的紅豆與糯米瀝去水分，與鹽、糖混拌均勻。
4　竹葉尾端向上折，交疊成甜筒狀，取35～40g作法3填入。
5　上方竹葉覆蓋紅豆糯米飯折疊收口。
6　棉繩與葉脈垂直方向綁起收緊，打活結固定。
7　合計可收穫20個左右的迷你小粽。
8　準備大湯鍋，粽子與冷水一起入鍋，加蓋中大火煮至沸騰後轉小火計時2小時。
9　時間到熄火不開蓋續燜1小時，待涼透後密封入冰箱冷藏或冷凍保存。
10　食用前再次熱蒸，當作米飯主食或放涼蘸食黑糖蜜作為點心。

迷你紅豆米粽 p.135

童年時期曾在外婆家吃過一回紅豆粽，不是包著紅豆沙那種湖州豆沙粽，是紅豆粒粒分明的米粽，紅豆跟糯米同時沾附竹葉的香氣，軟糯香甜的口感讓我印象非常深刻，因此當自己想要包粽過端午的時候，首先想到的便是紅豆米粽。食譜裡的紅豆與糯米皆是未經烹煮狀態以粽葉包裹、輔以棉繩稍微繫出腰身，不緊不鬆留些空間讓紅豆與糯米經過水煮加熱之後熟軟漲大，粽形更加顯著。

幾乎沒有調味的紅豆粽可以當作一般主食搭配湯品或菜餚，或者蘸食黑糖蜜作為飯後甜點，小小一顆拿著可愛吃起來可口，不侷限於端午，平日想吃隨時都適合備上幾個討好脾胃。

鍋煮元氣薑黃飯 p.140

薑黃具有提升新陳代謝、滋補強身的食療效果，加了薑黃粉炊煮的米飯，黃燦燦的、看起來很有元氣，同時也讓餐食多了幾分南洋風情。

日常家裡煮薑黃飯以簡單方便為主，投入的食材以容易取得為優先；再講究一些，除了這份食譜裡的材料，還可以加入新鮮香蘭葉、香茅、泰國檸檬葉、蒜粒和少量洋蔥，讓香氣豐富多元，入口時味道更有層次。

根據研究顯示，薑黃與油脂同時攝取，能夠提升身體對薑黃素的吸收力，這份食譜使用的是香氣濃郁的奶油，也可以替換成自己喜歡的其他油脂。

鍋煮元氣薑黃飯（4人份）

＼材料
白米2杯
清水2杯
月桂葉2片
薑黃粉1小匙
黑胡椒粉1/8小匙
鹽1/8小匙

無鹽奶油20g

＼作法
1 白米淘洗數次至水清澈，浸泡20～30分鐘。
2 瀝乾水分將米倒入炊飯鍋具。
3 加入清水及其他調味食材（奶油除外），隨即放置爐火上以中大火煮至沸騰，聽到噗嚕噗嚕聲後，轉為小火蓋上鍋蓋計時十分鐘炊煮。
4 時間到將火力轉至中大火持續約30秒，讓鍋內水氣排出。
5 熄火、續燜5分鐘，開蓋投入無鹽奶油、翻拌均勻即完成。

午餐肉拌拌飯（4 人份 x2 餐）

材料
熱米飯適量
罐頭玉米粒1罐
午餐肉1罐
醬油1小匙
芝麻油1小匙
鹽1/4小匙
黑胡椒粉適量
細辣椒粉少許
海苔酥適量
市售溫泉蛋1顆／人
紫蘇香鬆（可不加）

作法
1 玉米粒瀝掉水分，午餐肉切丁用熱水燙過減少油脂與鈉含量，瀝乾備用。
2 炒鍋內不放油投入午餐肉，半煎半炒至表面上色，沿鍋邊淋下醬油、翻炒均勻。
3 依序投入玉米粒及芝麻油一起翻炒，以鹽、黑胡椒粉及辣椒粉調味，完成拌飯料。
4 食用時取適量與熱飯拌一拌，可添加些許紫蘇香鬆提升風味，海苔酥拌著吃更香。
5 如有餘下拌飯料，以乾淨容器密封冷藏保存，三日內食用完畢。

Tips
在罐頭底部用刀尖戳一小洞讓空氣進入，方便倒出午餐肉。

午餐肉拌拌飯 p.141

偶爾會有新鮮食材來不及補貨採買的時候,這時
食材櫃裡常溫存放的罐頭食品就是最佳上場時
機。以前對午餐肉敬謝不敏,直到有次外食韓國
料理,先生和女兒對部隊鍋裡的午餐肉相當喜
歡,看他們津津有味的樣子,也讓我改變了想
法,與其視為猛獸,不如偶爾也試試午餐肉料
理,像一般食材一樣對待,這樣才不會因為在家
不能食,到了外面反而視如珍味而過量。

用拌飯的方式不做成炒飯,能夠確實減少油脂的
用量,也減少食用午餐肉可能會有的負擔。

香辣醬油炒飯 p.146

無論什麼時候吃都覺得喜歡，很日常也很經典，臉書上朋友看了大學生幫妹妹做的炒飯便當之後留言：男生只要會做炒飯就不會挨餓了。是這樣子沒錯。學會炒飯，不但可以餵飽自己，有需要的時候也能照顧到家人同學朋友。

疫情三級警戒待在家的時間特長，幾乎完全零外食的情況下我們實施了「假日料理值日生制度」，週末換人下廚，意外的挖掘到大男生對料理的興趣，兄妹倆各自在這本書裡貢獻一道食譜（小菜是馬鈴薯鮭魚味噌湯），一飯一湯，謝謝兩位假日料理值日生：）

香辣醬油炒飯（3～4人份）

材料

冷飯450g
鹽1/8小匙
黑胡椒粉適量

料理油3大匙
雞蛋5顆
蒜末1小匙
乾辣椒輪切適量
醬油3大匙
韓式芝麻油少許
蔥花適量

作法

1 雞蛋打散、冷飯均勻揉入鹽與黑胡椒粉備用。

2 起油鍋，熱鍋熱油時將蛋液倒入，鍋鏟貼著鍋底不規則畫圓將蛋拌開，形成蛋鬆。

3 投入蒜末及辣椒末大略拌炒，白飯入鍋與蛋一起炒鬆，這裡需要多花一些時間。

4 以繞圈方式淋下醬油，快速翻炒使米飯入味並且均勻上色。

5 添加少許芝麻油增加香氣，炒勻。

6 熄火，加入蔥花，大略翻炒即可起鍋盛盤。

紅豆飯（2人份）

・・・・・・・・・・・・・・・

＼材料

白米160g
紅豆60g
清水400ml
鹽1/8小匙

＼作法

1 紅豆挑除不良品，快速沖洗後隨即注水（份量外）煮滾，續煮一分鐘。

2 作法1第一次煮紅豆的水倒出，重新注入清水，加蓋中小火煮20分鐘。

3 作法2靜置降溫後，瀝出紅豆水備用。

4 白米淘洗數回，瀝乾水分置入電子炊飯鍋內，加入紅豆、紅豆水180ml～200ml，加鹽、大略拌開。

5 以一般白米行程炊飯，煮好之後燜10分鐘再打開鍋蓋，拌勻即完成紅豆飯（此步驟全程約1小時）。

▨紅豆飯 p.147

紅豆飯是先生很喜歡的變化版米飯，怎麼樣
能夠讓紅豆熟軟而又保持外型完整飽滿，一
直以來是煮婦給自己的功課。

特別的日子裡，不論是生日、節慶或者值得
慶祝的一天，煮一鍋紅豆飯，一句暖心的
話，尋常的小日子即是好日子。

⫽飽嘟嘟鹽昆布溏心蛋飯糰 p.152

鹽昆布來自日本，是一種將昆布細切、調味再乾燥後可以常溫保存的食材，開封即可食用，除了單吃也能跟高麗菜、小黃瓜等青菜拌在一起做成涼拌小菜。

加了鹽昆布的白飯，帶著極佳開胃效果，捏成飯糰不僅攜帶方便也增加食用樂趣，飽滿緊實圓滾滾的飯糰一口咬下，「喔！還有彩蛋！」

飽嘟嘟鹽昆布溏心蛋飯糰（2人份）

材料

市售溏心蛋2個
白飯300g
鹽昆布15g

作法

1 白飯趁熱與鹽昆布均勻混拌成鹽昆布拌飯，分成兩等分。

2 雙手沾水保持濕潤，取總數四分之一的鹽昆布拌飯置於掌心稍微攤平，將溏心蛋置於其上。

3 另外四分之一的飯量覆蓋在蛋上，雙手按捏整形將飯與蛋之間的空氣排出，塑形成三角或圓型飯糰。

4 剩餘拌飯重覆作法2、3捏製成另一個飯糰。

Tips
一杯白米煮熟約得 320g 白飯。

鹽麴鮭魚竹葉飯糰（3～4人份）

材料

新合發無刺鮭魚
菲力排220g
鹽麴35g
本味醂1小匙

熱飯400g
（1杯半白米）
熟米芝麻10g
芝麻油適量

竹葉12張
（洗淨擦乾）

作法

1 混合鹽麴與本味醂，均勻抹上無刺鮭魚排雙面，冷藏至少一小時入味。
2 作法1進烤箱以攝氏200度烤至全熟，挾除魚皮，將魚肉拆散。
3 調理缽抹芝麻油防沾，於缽內混合熱飯、白芝麻與作法2。
4 分成每個約50g小飯糰，一共12個。
5 在竹葉尾端放上小飯糰，以折成三角椎體的方式包覆。
6 最後將竹葉帶梗的那端折入內側，並從另一端拉出葉梗固定整個飯糰。

Tips

平時燒烤料理的鹽麴用量是肉重的10%，與白飯混合做成飯糰的烤鮭魚需把鹹度提高才有滋味，這份食譜鹽麴用量是16%，也可用市售鹽漬鮭魚替代。

鹽麴鮭魚竹葉飯糰 p.153

思考著如何不使用保鮮膜又能夠方便食用小飯糰時，正好從YouTube頻道看到一則簡易竹葉飯糰做法，不像粽子另外需要棉繩輔助，簡單一片竹葉即可完成，頗適合戶外野餐多人分食嚐鮮。預先一葉一葉包好裝入會呼吸的竹製便當盒，竹葉香氣沁入Q彈米飯、配著輕鬆愉快的歡聲笑語，日後回想起鹽麴鮭魚竹葉飯糰的滋味，大概會是香中帶甜。

≫惡魔果實炊飯 p.158

兄妹倆人看見使用木虌果籽炊煮出來的米飯時，給它起了這麼
一個名字，說是感覺很像海賊王千陽號船上會出現的料理。少
了時間的厚度，這是家裡餐桌上的新面孔，全因菜攤老闆娘殷
切交待：木虌果從肉到籽都可以入菜，肉煮湯、籽炊飯，但
是種籽不能吃（※種籽本身不能直接吃，但它外面那層橘紅色
皮可以）。紅通通的籽看著有點驚心，清水沖洗幾回入鍋和米
一起炊煮之後充分拌勻（籽捨棄）成了一鍋養眼養胃的果實炊
飯，唯一邪惡的是顏色太美，總讓人想要再添一碗。

惡魔果實炊飯（2人份）

∙∙∙∙∙∙∙∙∙∙∙∙∙∙∙∙∙∙∙∙∙∙∙∙∙∙∙

⫸ 材料
白米1杯
木鱉果籽半杯
米酒15ml（1小匙）
清水165ml
鹽1/8小匙

⫸ 作法
1 木鱉果籽沖水數次瀝乾水分備用。
2 白米淘洗數次浸泡十分鐘。
3 作法2瀝乾水分倒入炊飯內鍋，鋪上作法1。
4 加入清水、米酒及鹽，按下快煮鍵炊煮。
5 飯煮好後以飯匙輕輕翻拌，使果實天然色料與米飯均勻融合。
6 籽挾出，果肉可以食用、籽勿食。

桂圓暖薑甜湯（方便製作的份量）

桂圓暖薑蜜

材料
乾薑片15g
龍眼乾100g
黑糖100g
原色冰糖50g
清水250g

蜂蜜50g

作法

1 蜂蜜以外的食材混合後以中火煮沸，轉中小火，計時
 20分鐘慢慢收束水分至鍋內食材看起來濃稠發亮。

2 熄火加入蜂蜜，再次以小火一邊加熱一邊攪拌至冒小
 泡泡即離火。

3 放涼後裝入消毒過的乾燥密封罐，冷藏保存。

4 完成的桂圓暖薑蜜可隨個人喜歡的濃淡兌熱水飲用。

Tips
使用乾淨無水無油的湯匙取用，密封冷藏 60 天風味不減。

桂圓暖薑甜湯 p.159

冰箱裡常備自製桂圓暖薑蜜，想要喝點甜湯的時候，一大匙桂圓薑蜜兌上150cc滾沸熱水，輕拌幾圈，伴著熱氣慢慢啜飲，香甜又順喉，那股暖意讓身體感到備受呵護，尤其是女生們每個月的那幾天。

桂圓性味甘平補氣血，老薑潤肺暖胃，都是滋養身體的好東西。食譜使用的是乾燥過的薑片、完全無水分，如果換成菜攤販售的老薑，因帶有水氣，宜儘早食用。

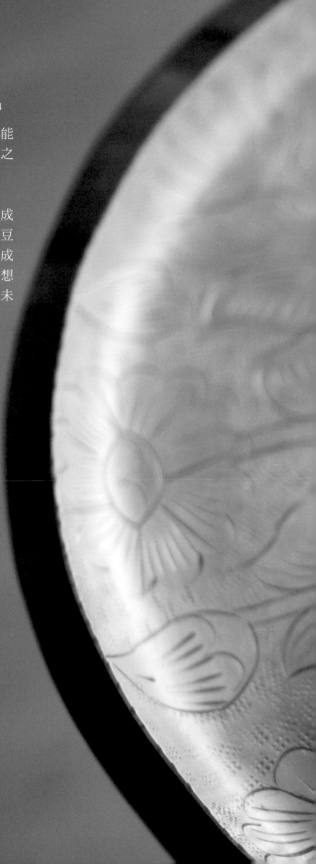

黑糖薑汁豆花 p.164

自己做豆花的方便性在於隨時想吃都能快速沖上一碗，口感或許稍不及店家之作，但要解饞平口欲完全沒有問題。

製作豆花的豆漿必須濃度夠才容易成功，食譜用的是市售光泉特濃無糖豆漿，取得方便、操作起來很好上手。成型的豆花可冷食也可熱熱吃；省功不想煮糖水直接加豆漿來一碗豆漿豆花也未嘗不可。

黑糖薑汁豆花（4人份）

豆花

⟫ 材料

過濾水70ml
市售豆花粉14g
市售無糖特濃豆漿500ml

⟫ 作法

1 過濾水與豆花粉置於乾淨無油的附蓋耐熱容器內攪拌成粉漿水備用。
2 豆漿用單柄鍋加熱至沸騰隨即離火。
3 作法1粉漿水再次攪拌均勻，一口氣快速將熱豆漿沖入，不要攪拌亦不要移動容器，加蓋靜置30分鐘即完成豆花。

Tips

這裡用的是「一心豆花粉」，購於食品材料行。做好的豆花密封冷藏保存，儘早食用。沖（盛裝）豆花的容器除了耐熱、附蓋，最好也有些高度，操作上會順手很多。

黑糖薑汁糖水

⟫ 材料

細白砂糖40g
熱開水500ml
黑糖60g
乾薑片5g（或新鮮老薑10g）

⟫ 作法

1 將細白砂糖平鋪於鍋內，開中小火加熱，不要攪動直到砂糖融化、轉為焦糖色。
2 暫時熄火加熱水入鍋（小心噴濺），重新開火煮至小滾後投入黑糖煮融。
3 加入乾薑片，小火煮至入味即完成黑糖薑汁糖水。

豆奶版薑汁撞奶（1人份）

∥ 材料

帶皮老薑約50g
特濃無糖豆漿220ml
糖8g

∥ 作法

1 薑去皮使用研磨器取薑泥，用薑泥擠出薑汁20ml，倒入碗中備用。

2 中小火加熱豆漿與糖，攪拌使糖融化且溫度平均，到達攝氏80度即熄火。

3 用乾淨湯匙攪拌作法1，使薑汁與沈澱在碗底的澱粉質混合均勻，隨即一口氣將作法2沖入碗中，靜置，不攪拌也不移動。

4 取一個小盤蓋上保溫，等待10分鐘凝結成奶凍。

5 趁溫熱時享用。

鮮奶版薑汁撞奶（1人份）

∥ 材料

蛋白質含量每百毫升3.2的鮮乳150ml
糖1小匙（可隨意增減）
現磨老薑薑汁20ml

做法同左。

Tips

1 這份食譜使用濃度5（每百毫升蛋白質5g）的市售特濃無糖豆漿。

2 糖的多寡不會影響凝結效果，可依口味隨意調整用量，不加糖亦可。

3 薑汁裡的蛋白酶與豆漿或鮮乳的蛋白質在攝氏70度會產生凝結作用，只要蛋白酶與蛋白質足夠，加上溫度適宜，便能成功做出薑汁撞奶。磨好的薑泥置入料理用濾袋，擠薑汁又快又方便。

4 使用鮮乳的話，請選擇蛋白質含量高的新鮮牛乳（保久乳因為經過高溫殺菌，蛋白質含量不穩定，不適合）。

5 鮮奶版的薑汁撞奶有些食譜會額外添加奶粉來提高蛋白質含量、確保成功率。家裡沒有奶粉我的作法是增加薑汁比例，把蛋白酶的分量拉高，一樣可以成功做出薑撞奶。

薑汁撞奶 p.165

很有意思的一道甜品，技術門檻不高，但
起初不一定每次都能成功，因此更讓人想
要一試再試，在喝了幾碗薑汁鮮（豆）奶
之後，總算悟出其奧妙，從此只要手邊有
適當材料，走進廚房花上幾分鐘備料，很
快就能端著一碗白嫩嫩軟乎乎的奶凍，喜
滋滋上桌享用。

這裡分別記錄使用無糖豆漿以及全脂鮮乳
的食譜，因為鮮乳的蛋白質含量比特濃豆
漿來得低，因此需要提高薑汁（蛋白酶）
比例，如果不喜薑味太濃，也可以在鮮乳
裡再加一些原味奶粉來提升蛋白質含量。

薑汁芋圓 p.170

芋頭控的我，對於芋頭相關食物不論鹹甜都愛，其中
最常吃的就是芋圓。喜歡芋圓軟中帶Q、吃的出芋頭
香氣、同時挾帶一些小芋丁的口感，自己動手做芋圓
可以最少量使用澱粉，以上三種願望能夠一次達成。

知名的九份芋圓除了芋頭，另外還有地瓜及綠豆口
味，我特別喜歡紫心地瓜和芋頭兩兩互相映襯的深淺
對比，因此分別做了紫地瓜圓、芋圓，成品有如紫蘿
蘭與紫丁香的色調呈現，增添幾分浪漫和可愛。

薑汁芋圓（方便製作的份量）

材料

紫心地瓜圓
去皮紫地瓜500g
糖30g
地瓜粉（樹薯粉）120g
冷開水視情況添加

芋圓
去皮芋頭500g
糖30g
地瓜粉（樹薯粉）100g
冷開水視情況添加

作法

芋圓
1 地瓜、芋頭削皮切片（厚度約0.5公分），分兩盤蒸25分鐘至熟軟。
2 作法1趁熱搗成泥分別拌入糖及地瓜粉，以飯匙大略翻拌後改以手揉至看不見粉粒，視情況添加少量水分。
3 作法2揉成團再滾成長條狀，分切後捏圓。
4 撒上適量太白粉（份量外）防止沾黏；冷凍保存，吃多少煮多少。
5 煮芋圓地瓜圓時，水滾投入，全部都浮上來再煮2～3分鐘即熟透。

﹨材料

糖水
細白砂糖50g
熱開水500ml
原色冰糖粉40g
現磨薑汁適量

﹨作法

糖水
1 將細白砂糖平鋪於鍋內，開中小火加熱，不要攪動直到砂糖融化、轉為焦糖色。
2 暫時熄火加熱水入鍋（小心噴濺），重新開火煮至小滾後投入冰糖煮融。
3 另外準備薑汁，隨喜好添加。

Posts cript

後記

編輯有些話想說

看著水瓶的料理照，即便只是視吃也能被療癒到，
無論配色、構圖、角度（當然還有很美的器物），都讓人賞心悅目。
有時想著這世界就是這麼不公平，
有人不用特別去學攝影技巧，就能拍出氛圍和溫度兼具的照片，
偏偏那個人是水瓶，不是沒有慧根的小編 XD

從 2016 年的《因為愛，做便當》開始，
到 2021 年的《暖呼呼，湯便當》，
默默的我們竟然也合作四本書了。
每次剛完成一本書，水瓶都跟我說：「我已被掏空無法再創作新書了」
但只要休息一段時間，再加上小編的死纏爛打 XD
還是會有閃亮亮的新作問世，
所以說啊，作者大人們都有無盡的潛力呢（笑～）

水瓶料理書的特點，除了照片美，實做度也很高，
食譜操作工序簡約，食材和調味料容易取得，
重點是超～好～吃～的～
每道料理都能煮出成就感，輕鬆贏得家人的崇拜！

新作《暖呼呼，湯便當》維持一貫好吃、好操作的基調，
料理提案還多了少油煙、更省力的特點，
就是要讓您煮得愉快，清理廚房更輕鬆（重點，筆記！）

天涼時來碗熱湯，胃暖了，什麼煩心的事都能煙消雲散喔～

L 編

我與水瓶——記「水瓶家料理」的誕生

水瓶，是我人生中不折不扣第一位網友——因為網路而成為朋友的人。

差不多十年前，因為朋友分享而看到她記錄便當菜色與生活雜感的 FB 頁面（那時還沒有粉絲專頁）。同為水瓶，所以先是被名稱吸引，再來是被記錄便當菜色的相片吸引，食物色彩與光線動人卻自然，她的便當菜看來有滋有味但不是遙不可及的餐廳大菜（這麼說，完全沒有貶抑之意），許多菜色都讓廚藝普通的我覺得「好像可以自己試試」。這麼多年後回頭想這事，覺得那呈現出來的食物與畫面，與畫面背後的主角完全呼應：自然、低調、真實、用心，具備了細膩但融入日常生活的美感。

真正搭起友誼橋樑的，是她有次在頁面上分享了自己做的法式草莓軟糖，被其他網友敲碗之餘，破天荒第一次開賣，為了交錢與交貨碰了面，結果也就交了心。因為我們的孩子年紀相仿，又有某種不用解釋太多的默契，就這樣，大部分透過網路、偶而實體，我們之間成為可以信任但是情誼如水的君子之交。

我猜想，也許正是那一次的開賣經驗，讓她動念想再多做些什麼，把自己喜愛的生活樣貌和滋味分享出去。這些年，她試過販售選物、親自選布找師傅打版做心目中理想的保溫保冷袋、成為暢銷食譜書作家、開設烹飪課，期間有開心、有挑戰、有挫折，唯一沒變的是，持續堅守廚房的心意。而當她告訴我要推出冷凍即食包—「水瓶家料理」一時，我知道，這一次，她準備好了。過往跌跌撞撞一路走來的經驗是生命的禮物，揉合出她今日的呈現，為她的料理增添了更多的層次與風味。

食物好不好吃是很主觀、很個人的直觀經驗，所以我不會說水瓶的料理一定會收服你的味蕾和胃腸，但是你一定可以放心試試她所主理的即食包。不習慣在聚光燈下的她，願意用水瓶為料理包命名，就必然是用最大的誠意在做這件事。

每個人都有表達自我的需求，水瓶的表達不在畫布油彩、不在金工雕塑、也不在文字心神間，而在充滿生活況味的刀鏟鍋碗中，她把心意埋在她的創作之中，等待與有緣人的味蕾相逢，激盪出不同的趣味與火花。

Nancy

bon matin 138

暖呼呼・湯便當

作 者	水瓶
攝 影	水瓶
手 寫 字	小茉體
社 長	張瑩瑩
總 編 輯	蔡麗真
美 術 編 輯	林佩樺
封 面 設 計	謝佳穎
責 任 編 輯	莊麗娜
行銷企畫經理	林麗紅
行 銷 企 畫	蔡逸萱、李映柔
出 版	野人文化股份有限公司
發 行	遠足文化事業股份有限公司

地址：231 新北市新店區民權路 108-2 號 9 樓
電話：（02）2218-1417
傳真：（02）86671065
電子信箱：service@bookreP.com.tw
網址：www.bookreP.com.tw
郵撥帳號：19504465 遠足文化事業股份有限公司
客服專線：0800-221-029

特 別 聲 明：有關本書的言論內容，不代表本公司／出版集團之立
場與意見，文責由作者自行承擔。

讀書共和國出版集團

社 長	郭重興
發行人兼出版總監	曾大福
業 務 平 臺 總 經 理	李雪麗
業務平臺副總經理	李復民
實 體 通 路 協 理	林詩富
網路暨海外通路協理	張鑫峰
特 販 通 路 協 理	陳綺瑩

印 務	黃禮賢、林文義
法 律 顧 問	華洋法律事務所 蘇文生律師
印 製	凱林彩印股份有限公司
初 版	2021 年 11 月 03 日

978-986-384-612-3（平裝）
978-986-384-618-5（EPUB）
978-986-384-618-7（PDF）

有著作權 侵害必究
歡迎團體訂購，另有優惠，請洽業務部
（02）22181417 分機 1124、1135

國家圖書館出版品預行編目（CIP）資料

暖呼呼・湯便當／水瓶著 .-- 初版 .-- 新北市：野人文化股份有限公司出版：遠足文化事業有限公司發行 ,2021.11
176 面；17×23 公分 . --（bon matin；138） ISBN 978-986-384-612-3（平裝）1. 食譜
427.17   110017458

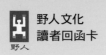

**野人文化
讀者回函卡**

感謝您購買《暖呼呼·湯便當》

姓　名　　　　　　　　□女 □男　年齡

地　址

電　話　　　　　　　手機

Email

學　歷　□國中（含以下）□高中職　　□大專　　　□研究所以上
職　業　□生產/製造　□金融/商業　□傳播/廣告　□軍警/公務員
　　　　□教育/文化　□旅遊/運輸　□醫療/保健　□仲介/服務
　　　　□學生　　　□自由/家管　□其他

◆你從何處知道此書？
　□書店　□書訊　□書評　□報紙　□廣播　□電視　□網路
　□廣告DM　□親友介紹　□其他

◆您在哪裡買到本書？
　□誠品書店　□誠品網路書店　□金石堂書店　□金石堂網路書店
　□博客來網路書店　□其他_____

◆你的閱讀習慣：
　□親子教養　□文學　□翻譯小說　□日文小說　□華文小說　□藝術設計
　□人文社科　□自然科學　□商業理財　□宗教哲學　□心理勵志
　□休閒生活（旅遊、瘦身、美容、園藝等）　□手工藝／DIY　□飲食／食譜
　□健康養生　□兩性　□圖文書／漫畫　□其他

◆你對本書的評價：（請填代號，1. 非常滿意　2. 滿意　3. 尚可　4. 待改進）
　書名____封面設計_____版面編排_____印刷_____內容_____
　整體評價_____

◆希望我們為您增加什麼樣的內容：

◆你對本書的建議：

廣　告　回　函
板橋郵政管理局登記證
板橋廣字第１４３號

郵資已付　免貼郵票

23141
新北市新店區民權路108-2號9樓
野人文化股份有限公司 收

請沿線撕下對折寄回

書名：暖呼呼・湯便當
書號：bon matin 138